RUPIN JIAGONG JISHU

乳品加工技术

任志龙　编著

化学工业出版社

·北京·

内容简介

本书立足企业生产实际，介绍了乳的成分及性质、乳中的微生物，以及液态乳、发酵乳、乳粉、干酪、炼乳、冷饮乳制品、奶油等乳与乳制品的加工工艺和质量控制，注重工艺技术实用性，为乳制品企业生产操作、技术管理、质量检验、品质控制等过程提供参考，可作为乳与乳制品生产企业技术人员的专业参考书和企业员工培训的参考资料，也可作为职业院校乳品工艺、食品加工技术、食品营养与检测等相关专业的教材使用。

图书在版编目（CIP）数据

乳品加工技术/任志龙编著. —北京：化学工业出版社，2023.1

ISBN 978-7-122-42418-1

Ⅰ.①乳…　Ⅱ.①任…　Ⅲ.①乳制品-食品加工　Ⅳ.①TS252.42

中国版本图书馆CIP数据核字（2022）第199993号

责任编辑：张　彦　　文字编辑：朱雪蕊
责任校对：宋　夏　　装帧设计：韩　飞

出版发行：化学工业出版社（北京市东城区青年湖南街13号　邮政编码100011）
印　　装：河北鑫兆源印刷有限公司
710mm×1000mm　1/16　印张13½　字数231千字　2023年5月北京第1版第1次印刷

购书咨询：010-64518888　　售后服务：010-64518899
网　　址：http://www.cip.com.cn
凡购买本书，如有缺损质量问题，本社销售中心负责调换。

定　　价：79.00元

前言

随着中国经济持续稳步发展，人民的健康意识不断提升，乳制品以其独特的营养和保健功能受到消费者的喜爱，乳与乳制品生产加工逐渐成为我国农牧业领域发展快、增长性好的产业之一。乳制品行业的快速发展使企业对人才的需求日渐旺盛。本书是在总结近年来乳品行业发展特点及乳品工艺课程建设与改革经验的基础上编写而成的，立足企业生产实际，注重技术的实用性，以期满足乳品行业技术发展需要，提高企业人才培养水平，助推我国乳品行业的发展。

本书主要包括乳的成分及性质、乳中的微生物和液态乳、发酵乳、乳粉、干酪、炼乳、冷饮乳制品、奶油等乳与乳制品的加工工艺和质量控制等内容，理论联系实际，突出生产工艺和操作技能，可为乳制品企业生产操作、技术管理、质量检验、品质控制等过程提供参考。

本书在编写过程中，参考了许多文献、资料，在此一并感谢。

由于编者水平有限，书中难免有不妥之处，敬请批评指正。

任志龙
包头轻工职业技术学院

目 录

第六章　干酪加工技术　112

第一章

乳的成分及性质

第一节　乳的化学组成、影响因素及性质

乳是由哺乳动物乳腺分泌的一种具有胶体特性、均匀的生物学液体，其色泽呈白色或略带黄色，不透明、味微甜，并具有特殊香气。由于乳中含有幼小动物生长发育所必需的全部营养成分，所以它是哺乳动物出生后赖以生长发育的最易于消化吸收的完全食物。

乳的形成，一部分成分来自乳腺细胞合成，如乳糖、部分蛋白质和酶类等；另一部分成分来自血液，从血液中过滤营养成分，如盐、部分脂肪酸等。

乳是多种成分的混合物，主要成分是水分、乳糖、乳脂肪、蛋白质和矿物质，微量成分是维生素、酶类、磷脂、色素以及气体。乳中除去水和气体之外，剩余的物质称为干物质（DS）或乳的总固形物。干物质中除去脂肪的部分，为非脂乳固体。其成分受乳牛品种、遗传、饲料、饲养条件、季节、泌乳期以及乳牛年龄和健康条件等因素的影响。

一、乳的化学组成

乳品行业中一般将牛乳成分分为水分和乳干物质两大部分（图 1-1），而乳干物质又分为脂质和无脂干物质；另一种分类方法是将牛乳分为有机物和无机物，有机物又分为含氮化合物和无氮化合物。乳中的主要成分及含量见表 1-1。

二、影响牛乳成分的因素

1. 品种

乳牛品种是决定牛乳各成分含量的主要条件。

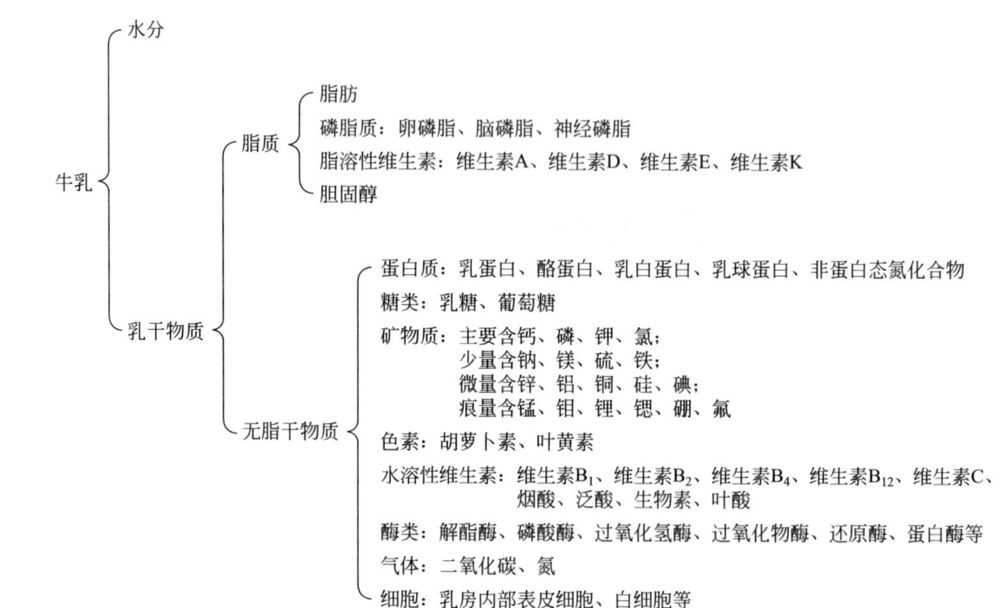

图 1-1 牛乳的化学组成

表 1-1 乳中的主要成分及含量

成分	平均含量/%	范围/%	占干物质的平均含量/%
水分	87.1	85.3～88.7	—
非脂乳固体	8.9	7.9～10.0	—
乳糖	4.6	3.8～5.3	36
脂肪	4.0	2.5～5.5	31
蛋白质	3.3	2.3～4.4	25
酪蛋白	2.6	1.7～3.5	20
矿物质	0.7	0.57～0.83	5.4
有机酸	0.17	0.12～0.21	1.3
其他	0.15	—	1.2

2. 个体

同一品种的乳牛，即使在同样的饲养管理条件下，乳牛个体之间的差异也会导致牛乳的组成成分有所不同。其主要原因是受遗传的影响，但其差别没有品种间的差别显著。

3. 挤乳间隔

一般情况下，挤乳间隔长则每次产乳量多，但乳脂含量较低；而挤乳间隔时间短则乳脂含量高。如每天挤 2 次乳，在其间隔为 9h 和 15h 时，乳脂率分别为 4.6% 和 3.0%。但若将每天 2 次挤乳改为 3 次，每天产乳总量可增加 10%，故适当增加挤乳次数可增加产乳量。以挤乳时间来说，如采取间隔 12h，并在中午和半夜挤乳，则时间对产乳没什么影响。但如采取午前 6 点和午后 6 点挤乳，则早晨产乳量较傍晚产乳量多，而乳脂率则相反。

4. 挤乳中间的变化

同一次挤乳中，开始时挤的乳乳脂率最低，随后逐渐增加，到挤乳结束时乳脂含量最高，差别很显著；但蛋白质与非脂乳固体含量没有太大变化。

5. 泌乳期

乳牛分娩后开始泌乳，泌乳期大约为 10 个月。乳的组成成分随泌乳期的不同而发生变化。初乳中除乳糖含量较低外，其他干物质含量均比常乳高；而在泌乳末期，除了乳汁中的乳脂小幅度增高外，其他干物质含量也均较常乳升高。

6. 年龄

乳牛随着年龄的增长，其产乳量及乳中乳脂含量也增加，至 5～7 胎达最高点，但乳脂率并未显著增加。

7. 饲料

采用适宜的饲料喂乳牛可以提高产乳量和乳中干物质的含量，但对乳脂及其他成分影响不大，特别是喂含蛋白质丰富的饲料时，产乳量增加，但对牛乳的组成成分没有明显影响。如多喂大豆之类的饲料，乳脂有增加的趋势，但这种影响是暂时的。长期喂料不足的乳牛与喂料充足的乳牛相比，不仅产乳量显著降低，乳脂率也下降。如乳牛长时期缺乏营养，恢复营养后其乳中大部分成分可以达到原有水平，但乳中蛋白质的含量不容易完全恢复。

8. 季节

牛乳的组成成分随季节而异，通常在夏季乳脂率较低，冬季有升高的倾向。有人曾用 2 年时间调查了季节对荷斯坦牛（340 头）产乳的影响。结果表明：

① 产乳量从 1～6 月逐渐增加，之后逐渐下降，10～11 月最低。

② 乳脂含量在 10 月最高，以后逐渐下降，到 6 月含量最低。

③ 总干物质及无脂干物质 3～4 月最低，无脂干物质 5～6 月最高，总干物质 10 月最高。

9. 环境温度

气温在4～21℃范围内，环境温度对乳牛产乳量及牛乳的成分几乎没有影响；在21～27℃的气温下，乳牛的产乳量逐渐减少，乳脂率降低；气温达到27℃以上时，产乳量降低更为显著，但乳脂率却增加，无脂干物质通常会下降。

10. 疾病

乳牛患病后，首先是产乳量降低，同时牛乳的组成成分也发生变化。乳牛最常见的疾病是乳房炎，乳牛患乳房炎后其乳脂变化不甚规律，但无脂干物质降低。一般来说，乳牛体温升高时，其产乳量和乳中无脂干物质含量均降低；患体温不升高的疾病时，其产乳量虽减少，但对乳的组成成分没有多大影响。

三、乳中各成分的性质

（一）水分

水分是乳中的主要组成部分，占85%～89%。乳中水分又可分为自由水、结合水、膨胀水和结晶水，自由水是乳中主要水分，即一般的常水，具有常水的性质，而结合水、膨胀水和结晶水则不同，在乳中具有特别的性质和作用。

1. 结合水

结合水占2%～3%，以氢键和蛋白质的亲水基或与乳糖及某些盐类结合存在，无溶解其它物质的特性，在通常水结冰的温度下并不结冰。在乳粉生产中任何时候也不能得到绝对无水的产品，总要保留一部分结合水。

2. 膨胀水

膨胀水存在于凝胶粒结构的亲水性胶体内，由于胶粒膨胀程度不同，膨胀水的含量也就各异，而影响膨胀程度的主要因素为中性盐类、酸度、温度以及凝胶的挤压程度。

3. 结晶水

结晶水存在于结晶性化合物中。当生产乳粉、炼乳以及乳糖等产品而使乳糖结晶时，我们就可以发现含结晶水的乳制品，即乳糖中含有1分子的结晶水（$C_{12}H_{22}O_{11} \cdot H_2O$）。

（二）气体

生乳中含有一定量气体，其中主要为二氧化碳、氧及氮等。细菌繁殖后，其它的气体如氢气、甲烷等也都在乳中产生。刚挤出的牛乳含气量较高，其中以二氧化碳为最多，氮次之，氧最少，所以乳品生产中的原料乳不能用刚挤出的乳检测其密度和酸度。

（三）乳脂肪

乳脂质中有 97%～99%的成分是乳脂肪，还含有约 1%的磷脂和少量的甾醇、游离脂肪酸、脂溶性维生素等。乳脂肪是中性脂肪，是牛乳的主要成分之一。

乳脂肪是由一分子的甘油和三分子相同或不同的脂肪酸所组成的，形成三酸甘油酯的混合物。典型的乳脂肪组成为：

$$\begin{array}{l} CH_2OCOC_{15}H_{13} \\ | \\ CHOCOC_3H_7 \\ | \\ CH_2OCO(CH_2)_7 \cdot CH{=}CH(CH_2)_7CH_3 \end{array}$$

1. 乳脂肪球及脂肪球膜

乳中脂肪以微小脂肪球的状态分散于乳中，呈一种水包油型的乳浊液（图 1-2）。脂肪球表面被脂肪球膜包裹着，使脂肪在乳中保持稳定的乳浊液状态，并使各个脂肪球独立地分散于乳中。脂肪球的直径在 0.1～20μm 范围，平均为 3～4μm，10μm 以上的很少。1mL 牛乳中含有 15 亿～30 亿个脂肪球，形

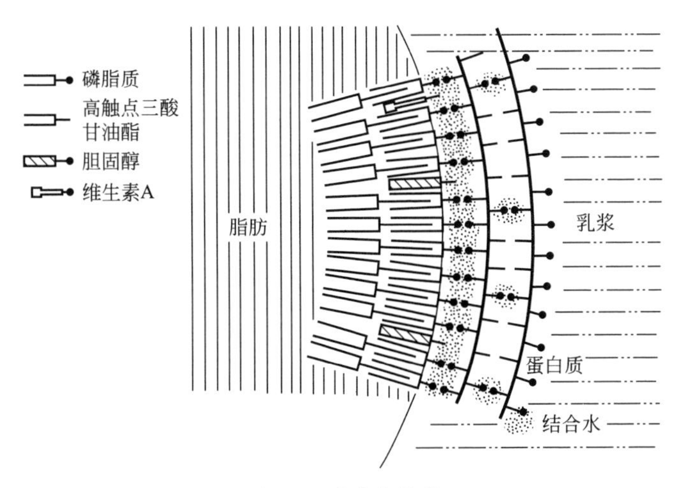

图 1-2 乳脂肪结构

状呈球形或椭球形。

每一个乳脂肪球外都包有一层薄膜，厚度为5～10nm（1nm＝10^{-9}m）。脂肪球被膜完整包住，膜的构成相当复杂。乳脂肪组成包括：三酸甘油酯（主要组分）、甘油二酯、单酸甘油酯、脂肪酸、固醇、胡萝卜素（脂肪中的黄色物质）、维生素A、维生素D、维生素E、维生素K和其余一些痕量物质。

脂肪球膜由蛋白质、磷脂、高熔点三酸甘油酯、甾醇、维生素、金属离子、酶类及结合水等复杂的化合物所构成，其中起主导作用的是卵磷脂-蛋白质络合物，有层次地定向排列在脂肪球与乳浆的界面上。脂肪的相对密度为0.93，乳在静置时，脂肪球将逐渐上浮而形成稀奶油层。脂肪球的上浮速度与脂肪球半径的平方成正比。

2. 乳脂肪的脂肪酸组成和含量

乳脂肪的脂肪酸组成受饲料、营养、环境等因素的影响而变动，尤其是饲料会影响乳中脂肪酸的组成。当不给乳牛充分的饲料时，则其为了产乳而降低了自身脂肪量，结果会使牛乳中挥发性脂肪酸含量降低，而增高不挥发性脂肪酸的含量，并且增加了脂肪酸的不饱和度。一般来说，夏季放牧期时所产牛乳不饱和脂肪酸含量升高，而冬季舍饲期时所产牛乳饱和脂肪酸含量增多，所以夏季加工的奶油的熔点比较低，质地较软。

若与一般脂肪相比，乳脂肪的脂肪酸组成中，水溶性、挥发性脂肪酸含量特别高，这类乳脂肪风味良好且易于消化。乳脂肪的组成复杂，在低级脂肪酸中甚至检出了醋酸，另外也发现有C_{20}～C_{26}的高级饱和脂肪酸。一般天然脂肪中含有的脂肪酸绝大多数是碳原子为偶数的直链脂肪酸，而在牛乳脂肪中已证实含有C_9～C_{23}的奇数碳原子脂肪酸，也发现有带侧链的脂肪酸。乳脂肪的不饱和脂肪酸主要是油酸，占不饱和脂肪酸总量的70%左右。

3. 乳脂肪的理化特性

（1）乳脂肪的特点

① 乳脂肪中短链低级挥发性脂肪酸含量达14%左右，其中水溶性挥发脂肪酸含量高达8%（如丁酸、己酸、辛酸等），而其它动植物油中大约占1%，因此乳脂肪具有特殊的香味和柔软的质体，是高档食品的原料。

② 乳脂肪易受光、空气中的氧、热、金属铜和铁作用而氧化，从而产生脂肪氧化味。

③ 乳脂肪易在解脂酶及微生物作用下发生水解，水解结果使酸度升高。

由于乳脂肪含低级脂肪酸较多，尤其是含有酪酸（丁酸），故即使轻度水解也能产生特别的刺激性气味，即所谓的脂肪分解味。

④ 乳脂肪易吸收周围环境中的其它气味，如饲料味、牛舍味、柴油味及香脂味等。

⑤ 乳脂肪在5℃以下呈固态，11℃以下呈半固态。

（2）乳脂肪的理化常数 乳脂肪的理化常数取决于乳脂肪的组成与结构，理化常数中比较重要的有4项，即溶解性挥发脂肪酸值、皂化价、碘价、非水溶性挥发性脂肪酸值。

溶解性挥发脂肪酸值是指中和从5g脂肪中蒸馏出来的溶解性挥发脂肪酸时所消耗的0.1mol/L KOH的体积（mL）。牛、羊为24～30，动物、植物为1左右，椰子油为7。

皂化价是指每皂化1g脂肪酸所消耗的NaOH的体积（mL）。动物、植物为190～200，乳为220～240。

碘价是指在100g脂肪中，使其不饱和脂肪酸变成饱和脂肪酸所需的碘的体积（mL）。乳中碘值随季节、饲料的不同而变化，如夏季的青饲料因油酸含量增加，使乳脂肪变量增加，乳脂肪变软（碘值高）。

波伦斯克值，即非水溶性挥发性脂肪酸值，指中和5g脂肪中挥发出的不溶于水的挥发性脂肪酸所需0.1mol/L KOH的体积（mL）。

基尔希纳值，即指100g脂肪中非水溶性脂肪酸的总数。乳脂为86.5～90，普通脂肪为94～96，此值用来检测乳脂纯度。

酸价，即指脂肪中含游离脂肪酸的量。即中和1g脂肪中游离脂肪酸所消耗KOH的体积（mL）。酸价是脂肪酸的指标，酸价越小，酸败程度越低。

乳脂肪的理化特点是水溶性脂肪酸值高，碘价低，挥发性脂肪酸较其它脂肪多，不饱和脂肪酸少，皂化价比一般脂肪高。

4. 磷脂

乳中的磷脂主要存在于脂肪球膜上（大约占总磷脂的60%），其余在脱脂乳中，与酪蛋白结合。磷脂占脂肪球膜组成的20%～40%。磷脂同时具有亲水和疏水基团，这种独特结构与其功能有着密切的关系，使其在乳中可以起到乳化和稳定作用，以保持脂肪球的正常形态。牛乳中卵磷脂、脑磷脂与神经鞘磷脂的比例为48∶37∶15。

5. 甾醇

乳脂肪及其它动物性脂肪中甾醇的最主要部分是胆固醇。乳中甾醇含量很低（每 100mL 牛乳中含 7～17mg），主要结合在脂肪球膜上。

（四）乳糖

1. 乳糖的结构

乳糖（$C_{12}H_{22}O_{11}$）是一种从乳腺分泌的特有的化合物，其它动植物的组织中不含有乳糖。乳糖属双糖类，牛乳中含 4.5%～5.0%，占干物质的 38%～39%。兔乳含乳糖最少（约 1.8%），马乳较多（约 7.6%），人乳含量为 6%～8%。乳的甜味主要由乳糖引起，其甜度约为蔗糖的 1/6。乳糖在乳中全部呈溶解状态。

乳糖为 D-葡萄糖与 D-半乳糖以 β-1,4 键结合的双糖，又称为 1,4-半乳糖苷葡萄糖。因其分子中有醛基，属还原糖。由于 D-葡萄糖分子中游离苷羟基的位置不同，乳糖有 α-乳糖和 β-乳糖两种异构体。α-乳糖很易与一分子结晶水结合，变为 α-乳糖水合物，所以乳糖实际上共有三种形态。

（1）α-乳糖水合物　α-乳糖通常含有 1 分子结晶水，其无水物也存在。α-乳糖水合物是在 93.5℃以下的水溶液中结晶而成的。市售乳糖一般为 α-乳糖水合物。

（2）α-乳糖无水物　α-乳糖水合物在真空中缓慢加热到 100℃或在 120～125℃迅速加热，均可失去结晶水而成为 α-乳糖无水物，其在干燥状态下稳定，但在有水分存在时，易吸水而成为 α-乳糖水合物。

（3）β-乳糖　β-乳糖是以无水物形式存在的，是在 93.5℃以上的水溶液中结晶而成的。β-乳糖比 α-乳糖易溶于水，且较甜。

2. 乳糖溶解度

初溶解度：将乳糖投入水中，即刻有部分乳糖溶解，达到饱和状态时，就是 α-乳糖的溶解度。

终溶解度：将饱和乳糖溶解液振荡或搅拌，α-乳糖可转变为 β-乳糖，再加入乳糖，仍可溶解，而最后达到的饱和点就是乳糖的终溶解度，是 α-乳糖与 β-乳糖平衡时的溶解度。

超溶解度：将上面饱和乳糖溶液于饱和温度以下冷却时，将成为过饱和溶液，此时如果冷却操作比较缓慢，则结晶不会析出，而形成过饱和状态。

乳糖的溶解度随温度的升高而增高。乳糖酶作用也与酸水解一样可以将乳糖分解成一分子的葡萄糖与一分子的半乳糖。半乳糖是形成脑神经中重要成分（糖脂质）的主要来源，所以对于婴儿有很重要的作用，是很适宜婴儿的糖类，有利于婴儿的脑及神经组织发育。

乳糖不耐症：乳糖在消化器官内经乳糖酶作用而水解后才能被吸收。随着年龄的增长，人体消化道内缺乏乳糖酶，不能分解和吸收乳糖，饮用牛乳后出现呕吐、腹胀、腹泻等不适应症状。

（五）乳蛋白质

牛乳中的蛋白质是乳中的主要含氮物质，含量为3.3%～3.5%，其中95%是乳蛋白质，5%为非蛋白态氮。乳蛋白质包括酪蛋白、乳清蛋白及少量脂肪球膜蛋白，乳清蛋白中有对热不稳定的乳白蛋白和乳球蛋白，还有对热稳定的小分子蛋白质和胨。

乳中蛋白质大约含有20种以上的氨基酸，是典型的全价蛋白质。

1. 酪蛋白

将脱脂乳加酸处理，在20℃条件下调节其pH至4.6时发生沉淀的一类蛋白质。

（1）酪蛋白的组成　酪蛋白以胶束状态存在于乳中，是以含磷蛋白质为主体的几种蛋白质的复合体。其中α-酪蛋白可以区分为钙不溶性和钙可溶性两部分。钙不溶性的α-酪蛋白，其中主要的成分称αs_1-酪蛋白，约占总酪蛋白的40%。另外，不属于αs_1-酪蛋白的部分被命名为α_{s_2}-酪蛋白、α_{s_3}-酪蛋白等，现在α_{s_2}-酪蛋白、α_{s_3}-酪蛋白、α_{s_4}-酪蛋白、α_{s_5}-酪蛋白已被确认。

钙可溶性的α-酪蛋白，有κ-酪蛋白和λ-酪蛋白。κ-酪蛋白约占总酪蛋白的15%。κ-酪蛋白的含磷量虽比α-酪蛋白约少一半，但可以被皱胃酶直接凝固，故在利用皱胃酶凝乳时，κ-酪蛋白有很重要的作用。κ-酪蛋白通常与α-酪蛋白结合而形成一种α-κ酪蛋白的复合体存在。Cherbuliz等（1950、1960）又将酪蛋白分为α-酪蛋白（60%）、β-酪蛋白（25%）、γ-酪蛋白（10%）、δ-酪蛋白（5%）四种成分；δ-酪蛋白不受凝乳酶的凝固作用，故乳经酶凝固后留存在乳清中。

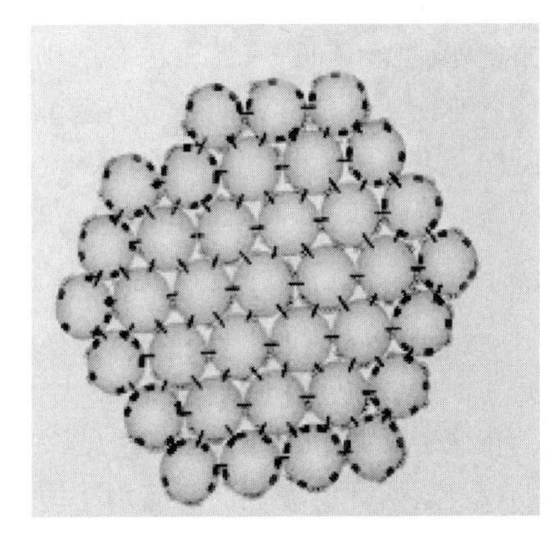

图1-3　酪蛋白胶束结构图

（2）酪蛋白的性质　牛乳酪蛋白以酪蛋白胶束状态存在（其中包含大约1.2%的钙和少量的镁）（图1-3），另外再与磷酸钙形成复合体，称作

“酪蛋白酸钙-磷酸钙复合体”。其中含酪蛋白酸钙95.2%，磷酸钙4.8%。在电子显微镜中观察，基本形成直径为20～600nm的球状，其中多数为80～120nm，每毫升乳中约为（5～15）$\times 10^{22}$个酪蛋白胶粒。

各类酪蛋白中氮的含量几乎相同，主要区别在于磷的含量，α-酪蛋白含磷特别多，所以也可以称为磷蛋白，皱胃酶的凝固主要与磷有关。因为γ-酪蛋白含磷很少，所以γ-酪蛋白几乎不能被皱胃酶所凝固。在制造干酪时，有些乳常发生软凝块或不凝的情况，这就是蛋白质中含磷过少的缘故。

三种不同类型的酪蛋白中含有不同的氨基酸，其中赖氨酸、缬氨酸、亮氨酸、脯氨酸在α、β、γ三类酪蛋白中的含量有很大区别。此水碱性的二氨基氨基酸 $[R\text{-}(NH)_2]^+$ 在三类酪蛋白中的含量为α>β>γ；带有二羟基的酸性氨基酸 $[R\text{-}(COOH)_2]^-$ 的含量也是α>β>γ。

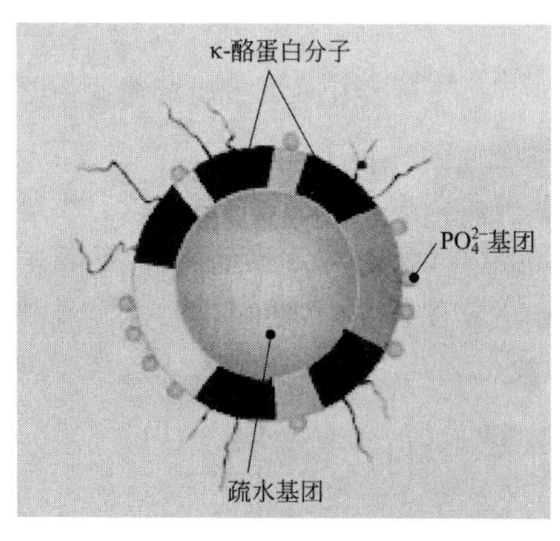

图1-4　亚酪蛋白胶束结构图

（3）酪蛋白胶束的结构　酪蛋白胶束，是由亚酪蛋白胶束混合构成的（图1-4）。亚酪蛋白胶束直径10～15nm（$1nm=10^{-9}m$），不同的酪蛋白胶束所含有的α_s酪蛋白、β-酪蛋白和κ-酪蛋白也不是均匀一致的。

（4）酪蛋白与酸碱的反应　酪蛋白属于两性电解质，它在溶液中既具有酸性也具有碱性，也就是说它能形成两性离子。

$$NH_3^+\text{-}R\text{-}COO^-$$

（5）酪蛋白与醛反应　酪蛋白除与酸碱能起作用外，也可与醛基反应。但由于所处环境不同，其性质也有区别。当酪蛋白在弱酸介质中与甲醛反应时，则形成亚甲基桥，可将两分子的酪蛋白联结起来。

$$2R\text{-}NH_2 + HCHO \longrightarrow R\text{-}NH\text{-}CH_2\text{-}NH\text{-}R + H_2O$$

在上列反应式中，1g酪蛋白约可联结12mg甲醛。所得的亚甲基蛋白质不溶于酸碱溶液，不腐败，也不能被酶所分解。

当酪蛋白在碱性介质中与甲醛反应时，则生成亚甲基衍生物。

$$R\text{-}NH_2 + HCHO \longrightarrow R\text{-}NH{=\!=}CH_2 + H_2O$$

在这个反应中，1g酪蛋白约需24mg甲醛。

以上这两种反应被广泛应用于塑料工业、人造纤维的生产及检验乳样的保存方面。

（6）酪蛋白与糖反应　自然界中的醛糖、葡萄糖、转化糖等与酪蛋白作用后变成氨基糖而产生芳香味。如黑面包、芳香酒即有此作用，这种作用也表现于产生色素方面，可使食品具有某种颜色，如黑色素。

（7）酪蛋白的酸凝固　酸凝固过程：当牛乳中加酸后 pH 达 5.2 时，磷酸钙先行分离，酪蛋白开始沉淀，继续加酸而使 pH 达到 4.6 时，钙又从酪蛋白钙中分离，游离的酪蛋白完全沉淀。在加酸凝固时，酸只和酪蛋白酸钙-磷酸钙作用。所以除了酪蛋白外，白蛋白、球蛋白都不起作用。工业上常用这种方法制造干酪素。

① 盐酸干酪素：如加酸不足，则钙不能完全被分离，于是在干酪素中往往包含一部分的钙盐。如果要获得纯的酪蛋白，就必须在等电点下使酪蛋白凝固。

② 硫酸干酪素：硫酸钙不能溶解，因此有使灰分增多的缺点。

③ 乳酸干酪素：乳酸能使酪蛋白形成硬的凝块，并且稀乳酸及乳酸盐皆不溶解酪蛋白，因此乳酸是最适于沉淀酪蛋白的酸。

（8）酪蛋白的皱胃酶凝固　犊牛第四胃中所含的一种酶能使乳汁凝固，这种酶通常称为皱胃酶。皱胃酶有使乳汁从液体变为凝块，并发生收缩而排出乳清的作用。

皱胃酶的来源：取自犊牛或羔羊的第四胃，在干酪制造中，即利用皱胃酶使乳汁凝固。目前所用的皱胃酶，大多为干燥粉末状。苏联在活的犊牛或羔羊胃中，用瘘管方法取出皱胃酶制成液体或干燥粉末。近些年，国外发达国家采用发酵技术生产出液体凝乳酶，广泛应用于乳品工业方面。

皱胃酶与胃蛋白酶的关系：它们是单独的两种物质，在幼畜体中是皱胃酶起作用，成年动物是胃蛋白酶起作用。皱胃酶中也存在有胃蛋白酶，但在干酪制造中，最合理的是用皱胃酶，因为胃蛋白酶能够使干酪发生不良的分解过程，有时并带有苦味。

皱胃酶的凝乳原理：皱胃酶与酪蛋白的专一性结合使牛乳凝固。

凝固过程：酪蛋白在皱胃酶的作用下，形成副酪蛋白，此过程称为酶性变化；产生的副酪蛋白在游离钙的存在下，在副酪蛋白分子间形成“钙桥”，使副酪蛋白的微粒发生团聚作用而产生凝胶体，此过程称为非酶变化。

酶凝固与酸凝固不同点：酶凝固时钙和磷酸盐并不从酪蛋白微球中游离出来。

（9）酪蛋白的钙凝固　酪蛋白系以酪蛋白酸钙-磷酸钙的复合体状态存在于乳中，乳汁中的钙和磷呈平衡状态存在，所以鲜乳中的酪蛋白微粒具有一定的稳定性。当向乳中加入氯化钙时，则能破坏平衡状态，因此在加热时使酪蛋白发生凝固现象。

在乳汁中甚至只需加入 0.005mol/L 氯化钙，经加热后就会使酪蛋白凝固，并且加热温度愈高，氯化钙的用量也愈省。经试验证明，在 90℃时加入 0.12%～0.15%的氯化钙即可使乳凝固。氯化钙除了能使酪蛋白凝固外，也能使乳清蛋白凝固。加温至 85℃时，有一部分低分子蛋白质也能沉淀。

利用氯化钙凝固乳时，如加热到 95℃时，则乳汁中蛋白质总含量的 97%可以被利用。而此时加入氯化钙的量以每升乳加 1～1.25g 为最适宜。采用钙凝固时，乳蛋白质的利用程度，几乎要比酸凝固法高 5%，比皱胃酶凝固法约高 10%以上。

2. 乳清蛋白

原料乳中去除了在 pH4.6 等电点处沉淀的酪蛋白后，留下的蛋白质就是乳清蛋白，占乳蛋白质的 18%～20%。分为对热稳定和对热不稳定两大部分。

(1) 对热不稳定的乳清蛋白　当将乳清煮沸 20min，pH 为 4.6～4.7 时沉淀的蛋白质，属于对热不稳定的乳清蛋白，约占乳清蛋白的 81%，其中含有：

① 乳白蛋白。乳清在中性状态时，加入饱和硫酸铵或饱和硫酸镁进行盐析时，仍呈溶解状态而不析出的蛋白质。包括 α-乳白蛋白、β-乳球蛋白和血清白蛋白。α-乳白蛋白约占乳清蛋白的 19.7%，β-乳球蛋白约占乳清蛋白的 43.60%，血清白蛋白约占乳清蛋白的 4.7%。

乳白蛋白富含硫，含硫量为酪蛋白的 2.5 倍。与酪蛋白的主要区别是不含磷，加热时易暴露出—SH、—S—S—键，甚至产生 H_2S，使乳或乳制品出现蒸煮味。乳白蛋白不被凝乳酶或酸凝固，属全价蛋白质，其在初乳中含量高达 10%～12%，而常乳中仅有 0.5%。

② 乳球蛋白。乳清在中性状态下，用饱和硫酸铵或硫酸镁盐析时能析出，而呈不溶解状态的乳清蛋白称为乳球蛋白，约占乳清蛋白的 13%，其中 β-乳球蛋白约占乳球蛋白的 43.6%。乳球蛋白又可分为真球蛋白和假球蛋白两种，它们与乳的免疫性有关，具有抗原作用，所以也称为免疫球蛋白。

(2) 对热稳定的乳清蛋白　当将乳清煮沸 20min，pH4.6～4.7 时，仍溶解于乳中的乳清蛋白称为热稳定性乳清蛋白。主要是小分子蛋白质和胨类，约占乳清蛋白的 19%。

3. 脂肪球膜蛋白

牛乳中除酪蛋白和乳清蛋白外，还有一些蛋白质称为脂肪球膜蛋白，它们是吸附于脂肪球表面的蛋白质与磷脂质，构成脂肪球膜，而且1分子磷脂质约与2分子蛋白质结合在一起。脂肪球膜蛋白因含有卵磷脂，因此也称磷脂蛋白。

脂肪球膜蛋白对热较为敏感，且含有大量的硫，牛乳在70～75℃瞬间加热，则—SH基就会游离出来，产生蒸煮味。脂肪球膜蛋白质中的卵磷脂易在细菌性酶的作用下形成带有鱼腥味的三甲胺而被破坏，也易受细菌性酶的作用而被分解，是奶油贮存过程中风味变坏的原因之一。

4. 其它蛋白质

除了上述的几种特殊蛋白质外，乳中还含有数量很少的其它蛋白质和酶蛋白，在分离酶时可按不同部分将其分开。

5. 非蛋白质氮

牛乳中的含氮物中除蛋白质外还有非蛋白态的氮化物，约占总氮的5%。其中包括氨基酸、尿素、尿酸、肌酐及叶绿素等。

（六）酶类

乳中的酶来源于乳腺和微生物的代谢产物。乳中酶的种类很多，主要分为三大类：①水解酶，包括脂肪酶、蛋白酶、磷酸酶、淀粉酶、乳糖酶、溶菌酶等。②氧化还原酶，包括过氧化氢酶、过氧化物酶、黄嘌呤氧化酶及醛缩酶等。③还原酶，包括还原酶、氧化酶等。

1. 脂肪酶

指能将脂肪分解为甘油及脂肪酸的酶。包括两种，一种是吸附于脂肪球膜间的膜脂酶，它在末乳中含量高，在乳房炎乳等一些异常乳中也存在膜脂酶；另一种是存在于脱脂乳中的、大部分与酪蛋白相结合的乳浆脂酶。

脂肪酶经80℃，20s加热可以完全钝化。在奶油生产中一般采用不低于80～95℃的高温短时或超高温瞬时（UHT）灭菌处理，另外要避免使用末乳、乳房炎乳等异常乳，并尽量减少微生物的污染。

2. 磷酸酶

磷酸酶能水解复杂的有机磷酸酯，在自然界中种类很多。乳中的磷酸酶主要是碱性磷酸酶，也有一些酸性磷酸酶。

碱性磷酸酶经62.8℃，30min或72℃，15～20s加热而被钝化，利用这种性质来检验巴氏杀菌乳杀菌是否彻底。在4～40℃条件下贮存时，已经钝化的碱性磷酸酶能重新活化，利用这种性质可以检验牛乳杀菌程度和推断贮存时间，其灵敏性很高，这就是著名的磷酸酶试验。

3. 过氧化氢酶

过氧化氢酶经75℃，20min加热可全部钝化。乳中的过氧化氢酶主要来自白细胞的细胞成分，特别是在初乳和乳房炎乳中含量最多，因此，可将过氧化氢酶试验作为检验乳房炎乳的手段之一。

4. 过氧化物酶

过氧化物酶主要来自白细胞的细胞成分，其是最早从乳中发现的酶，它能促使过氧化氢分解产生活泼的新生态氧，使多元酚、芳香胺及某些无机化合物氧化。过氧化物酶作用的最适温度是25℃，最适pH是6.8。其钝化温度为70℃、150min，75℃、25min，80℃、2.5s。乳酸菌不分泌过氧化物酶，因此，可通过测定过氧化物酶的活性来判断乳是否经过热处理及热处理的程度。

5. 还原酶

不同于以上几种乳中固有的酶，还原酶是微生物的代谢产物之一。它随微生物进入乳及乳制品中，数量与细菌污染程度有直接关系，能促使亚甲蓝（美蓝）变为无色。乳中还原酶的量与微生物污染的程度成正比，微生物检验中常用还原酶试验来判断乳的新鲜程度。

6. 蛋白酶

蛋白酶存在于α-酪蛋白中，具有强的耐热性，加热至80℃，10min时被钝化。蛋白酶作用的最适pH为8.0，此pH值能使乳蛋白质凝固。

7. 乳糖酶

乳糖酶对乳糖分解成葡萄糖和半乳糖具有催化作用。最适作用温度为37～50℃。在正常使用浓度下，72h内约可使74%的乳糖水解。乳品加工中，可使低甜度和低溶解度的乳糖转变为较甜的、溶解度较大的单糖（葡萄糖和半乳糖），使冰淇淋、浓缩乳、淡炼乳中乳糖结晶析出的可能性降低，同时增加甜度。在乳酒发酵中，可使不能被一般酵母菌利用的乳糖因水解成葡萄糖而得以利用。肠内缺乏乳糖分解酶会导致乳糖不耐症，故欧洲不少国家常将乳糖酶和溶菌酶加入牛乳中，供婴儿饮用。

（七）维生素

牛乳中含有几乎所有已知的维生素，特别是维生素B_2含量很丰富，但维生素 D 的含量不多，作为婴儿食品时应予以强化。乳中维生素有脂溶性维生素（如维生素 A、维生素 D、维生素 E、维生素 K）和水溶性维生素（如维生素 B_1、维生素 B_2、维生素 B_6、叶酸、维生素 B_{12}、维生素 C）等两大类。

牛乳中维生素的热稳定性不同，维生素 A、维生素 D、维生素 B_1、维生素 B_2、维生素 B_{12}、维生素 B_6 等对热稳定，维生素 C 等热稳定性差。乳在加工中维生素往往会遭受一定程度的破坏而损失。

（八）矿物质

乳中含有多种矿物质，主要有钾、钠、钙、镁、磷、硫、氯等，另外还存在一些微量元素。这些矿物质存在于乳中，含量占 0.7%～0.75%（表 1-2）。乳中的矿物质一般还被称为盐类、无机盐或灰分等，但它们不是完全相同的。

表 1-2　乳中矿物质的平均含量

元素	占乳质量分数/%	占灰分质量分数/%	元素	占乳质量分数/%	占灰分质量分数/%
钾	0.14	20.0	磷	0.093	13.3
钙	0.056	7.8	硫	0.026	3.6
钠	0.125	17.4	氯	0.103	14.5
镁	0.012	1.48			

矿物质对乳的稳定性，特别是钙、镁和磷酸、柠檬酸之间的盐类平衡特别重要，对加工与贮藏过程中的稳定性起关键作用。如钙、镁过剩将破坏盐类平衡而导致在比较低的温度下使乳凝固。添加磷酸或柠檬酸的钠盐可调整盐类平衡，增强稳定性。

（九）生物活性物质

乳中含有大量的具有不同生理活性的功能性组分，是自然界免疫因子最为富集的生物资源之一，其中包括重要的免疫因子和生长因子，如免疫球蛋白（IgG）、乳铁蛋白（LF）及胰岛素样生长因子（IgF）等。其生理活性成分具有改善肠胃、调节免疫、延缓衰老、促进生长发育、抗疲劳、抑制肿瘤、改善生理功能、促进泌乳以及美容等一系列的生物功能，这些活性物质可以用于制造功能型保健食品。

第二节 乳的物理性质

一、乳的胶体性质

乳是多种物质组成的混合物，乳中的各物质相互组成分散体系。乳中的乳糖、水溶性盐类、水溶性维生素等呈分子或离子态分散于乳中，形成真溶液，其微粒直径小于或接近 1nm。乳白蛋白及乳球蛋白呈大分子态分散于乳中，形成典型的高分子溶液，其微粒直径为 15～50nm。酪蛋白在乳中形成酪蛋白酸钙-磷酸钙复合体胶粒。胶粒直径为 30～800nm，平均为 100nm。乳脂肪是以脂肪球的形式分散于乳中，形成乳浊液。脂肪球直径为 100～10000nm。此外，乳中含有的少量气体部分以分子态溶于乳中，部分经搅动后在乳中呈泡沫状态。

二、乳的其他物理性质

（一）乳的光学性质

新鲜正常的乳呈不透明的白色并稍呈淡黄色，称为乳白色，这是乳的基本色调。乳的色泽是由于乳中酪蛋白胶粒及脂肪球对光的不规则反射的结果。乳的品质可通过乳的光学特性进行检验，当光线（可见光 380～760nm、红外区 760nm～1mm 和紫外区 5～380nm）照射在乳上时，会发生光线的折射、散射、吸收、反射及激发产生荧光等光学现象。脂溶性胡萝卜素和叶黄素使乳略带淡黄色，水溶性的核黄素使乳清呈荧光性黄绿色。

（二）乳的热学性质

① 冰点：牛乳冰点的平均值为－0.550～－0.512℃，平均为－0.542℃。作为溶质的乳糖与盐类是冰点下降的主要因素。如果在牛乳中掺水，可导致冰点回升。掺水 10%，冰点约上升 0.054℃。

② 沸点：水中可溶性物质会降低水的冰点，同样它也可使水的沸点上升。乳的总固形物含量高，则沸点上升，乳中因含大量溶解性物质，其沸点比纯水要高。牛乳的沸点在 101.33kPa（1 个大气压）下约为 100.17℃，其变化范围为 100～101℃。

③ 比热容：比热容是指使1kg物质升高1K所需要的热能。乳的比热值具有不连续性，其比热容与总固形物含量呈反比。通过比热值就可以计算乳从某一温度上升或下降至另一温度所需要吸收或放出的热量值。牛乳的比热容与其主要成分的比热量有关，并受温度的影响。牛乳中主要成分的比热容［kJ/(kg·k)］分别为乳蛋白2.09、乳脂肪2.09、乳糖1.25、盐类2.93，由此牛乳的比热容一般约为3.89kJ/(kg·℃)。

（三）乳的滋味与气味

乳中含有挥发性脂肪酸、乳糖、钙离子、镁离子、含氯离子基团、柠檬酸、磷酸等风味物质，所以具有一定气味。新鲜乳稍带甜味并有特殊香味，乳糖带来甜味，脂肪酸带来乳香味，含氯离子基团带来咸味，钙、镁离子带来苦涩味，柠檬酸和磷酸带来的酸味，因受乳中主要成分的掩蔽会不易察觉。温度也会影响滋味和气味，温度高，香味强烈，冷却会降低香味。乳有较强的吸附性，环境中的气味对乳的滋味、气味也有影响。

（四）乳的密度与相对密度

乳的相对密度（d）指乳在15℃时的质量与同体积水在15℃时的质量之比。正常乳的相对密度以15℃为标准，平均为$d_{15}^{15}=1.032$。

乳的密度（D）系指乳在20℃时的质量与同体积水在4℃时的质量之比。正常乳的密度平均为$D_{4}^{20}=1.030$。我国乳品厂都采用这一标准。

换算及校正：在同等温度下，相对密度和密度的绝对值相差甚微，乳的密度较相对密度小0.0019。乳品生产中常以0.002的差数进行换算。乳的密度随温度而变化，温度降低，乳密度增高；温度升高，乳密度降低。在10～25℃范围内，温度每变化1℃，乳的密度就相差0.0002（牛乳乳汁计读数为0.2）。乳品生产中换算密度时即以20℃为标准，乳的温度每高出1℃，密度值就要加上0.0002（即牛乳乳汁计读数加上0.2）；乳温度每低1℃，密度值就要减去0.0002（即牛乳乳汁计读数减去0.2）。

（五）酸碱度

新鲜乳的酸度称为固有酸度或自然酸度，这种酸度与贮存过程中因微生物繁殖所产生的酸无关。挤出后的乳在微生物的作用下产生乳酸发酵，导致乳的酸度逐渐升高。由于发酵产酸而升高的这部分酸度称为发酵酸度。自然酸度和发酵酸度之和称为总酸度。一般条件下，乳品生产中所测定的酸度就是总酸度。

在25℃下，乳的pH通常为6.6～6.8。因磷酸钙溶解性大小和稳定性与温度有关，所以温度会影响乳pH。不同泌乳期，其pH是不同的，初乳的pH可低至6.0。乳房炎乳的pH可升高到7.5。因乳中含有共轭酸碱，有缓冲能力，在测定酸度时通常采用滴定法。我国滴定酸度用吉尔涅尔度简称“°T”或乳酸百分率（乳酸%）来表示。

1. 吉尔涅尔度（°T）

测定方法：取10mL牛乳，用20mL蒸馏水稀释，加入0.5%的酚酞指示剂0.5mL，以0.1mol/L NaOH溶液滴定，将所消耗的NaOH体积（mL）乘以10，即为中和100mL牛乳所需的0.1mol/L NaOH体积（mL），每毫升为1°T，也称1度[乳品生产中以滴定所消耗的NaOH体积（mL）直接读数：每消耗1mL为10°T]。

正常乳的自然酸度为16～18°T。自然酸度主要由乳中的蛋白质、柠檬酸盐、磷酸盐及CO_2等酸性物质所构成，其中3～4°T来源于蛋白质，2°T来源于CO_2，10～12°T来源于磷酸盐和柠檬酸盐。

2. 乳酸度（乳酸%）

用乳酸量表示的酸度。按上述方法测定后用下列公式计算：

$$\text{乳酸}(\%)=\frac{0.1\text{mol/L NaOH 体积(mL)}\times 0.009}{[\text{乳样体积(mL)}\times\text{相对密度}]\text{供试牛乳质量(g)}}\times 100$$

此法为日本、美国所采用的方法，美国用9g牛乳代替10mL牛乳。

3. 苏克斯列特-格恩克尔度（°SH）

苏克斯列特-格恩克尔度（°SH）的滴定方法与吉尔涅尔度法相同，只是所用的NaOH浓度不一样，°SH所用的NaOH溶液为0.25mol/L。乳酸度（乳酸%）可与苏克斯列特-格恩克尔度（°SH）度换算：

$$\text{乳酸}(\%)=0.0225\times°\text{SH}$$

除以上几种表示法外，世界各国还有其它几种表示法。法国用道尔尼克度（°D）表示：取10mL牛乳不稀释，加1滴1%酚酞的酒精溶液指示剂，用1/9mol/L氢氧化钠液滴定，其体积（mL）的1/10为1°D。荷兰用荷兰标准法（°N）表示：取10mL牛乳，不稀释，用0.1mol/L氢氧化钠溶液滴定，其体积（mL）的1/10为1°N。

第三节 加工处理方法对乳的影响

乳的加工方式主要有热加工、冷加工和发酵加工等类型。

一、热加工对乳的影响

热处理是大多数乳品加工企业重要的操作工艺，热处理的主要目的是用来杀菌及灭活酶，包括对乳品物料、加工设备、生产环境的杀菌或灭菌。在一些领域中，热杀菌还经常和其他杀菌方法配合使用。根据传热介质的不同一般可分为湿热杀菌和干热杀菌两种基本的方法，根据加热温度可分为低温加热、高温加热、超高温加热，根据加热处理效果又可分为预热、杀菌（消灭病原菌）、灭菌等。

（一）热处理对乳性质的影响

1. 乳的一般变化

薄膜的形成。乳加热到40℃以上，在乳与空气接触的界面即形成薄膜，这是由于液面水分蒸发而形成蛋白质凝固物，俗称“奶皮子”，其中70%为乳脂肪，20%～25%为乳蛋白质，而且白蛋白占多数。随着温度的升高和加热时间的延长，薄膜厚度会增加，形成的薄膜会影响乳制品的均匀性。为防止薄膜形成以及防止蛋白质提前凝固，可采取加热时搅拌或减少液面水分蒸发的办法。

2. 褐变

牛乳长时间的加热则产生褐变，褐变原因主要包括三方面：①一般认为由于具有氨基（NH_2—）的化合物（主要为酪蛋白）和具有羟基的（—C═O）糖（乳糖）之间产生反应形成褐色物质，这种反应称为美拉德（Maillard）反应；②乳糖经高温加热产生焦糖化也形成褐色物质；③牛乳中含微量的尿素，也认为是反应的重要原因。

褐变反应的程度随温度、酸度及糖的种类而异。温度和酸度越高，褐变反应越严重。糖的还原力愈强（葡萄糖、转化糖），褐变反应也愈严重，这一点在生产加糖炼乳和乳粉时关系很大。一般添加0.01%左右的L-半胱氨酸，对防止褐变具有一定的效果。

3. 蒸煮味

牛乳 74℃加热 15min，开始产生明显的蒸煮味，主要是由于β-乳球蛋白和脂肪球膜蛋白热变性而产生巯基（—SH），甚至产生挥发性硫化物和硫化氢（H_2S）。

4. 营养价值降低

随着加热温度的提高，牛乳营养价值降低趋势明显，主要表现在以下几方面：

① 味道及外观恶化，物理性质变劣，制品使消费者产生厌恶感。

② 维生素及必需氨基酸的分解而使其营养价值降低。

③ 蛋白质的生理价值及消化性降低。

④ 有毒物质或者代谢有害物质生成。

（二）加热对乳中盐的影响

主要是盐类平衡的改变，乳从乳房排出之后其盐类平衡就在不断地变化，加热会造成水分蒸发、乳浓缩，更会影响盐类平衡。

1. 对离子平衡的影响

（1）CO_2 的损失　加热和搅拌可促使 CO_2 损失。这种损失本质是一种不可逆变化，因为 CO_2 的降低可使 pH 上升，其原因是可溶性钙以及磷酸钙和钙离子活度的降低所致。

（2）钙与磷酸盐向胶体状态转移　磷酸钙在高温下较低温下更不容易溶解，在乳中已经溶解的钙及磷酸盐会由于加热而减少，从而向不溶解的胶体状态转移，形成胶粒中心。

2. 对酸度的影响

CO_2 逸出会使 pH 上升，但是在加热情况下，乳糖分解会产生酸，特别是产生乳酸、甲酸，从而使酸度增加，因此因酸度增加而导致乳中离子平衡显著变化。

3. 对柠檬酸的影响

加热甚至煮沸对柠檬酸虽然不产生影响，但在高温下柠檬酸钙较在低温下更不容易分解，这种情况下在加热处理牛乳时就可能产生不溶性柠檬酸钙沉淀，或者增加向胶体状态转移的可能性。

（三）加热对蛋白质的影响

1. 对乳清蛋白的影响

占乳清蛋白大部分的白蛋白和球蛋白对热都不稳定。大部分乳清蛋白在

62～63℃、30min 杀菌时就开始凝固，68～80℃之间的热变性和凝固程度呈现规律性变化。牛乳加热使白蛋白和球蛋白完全变性的条件为 80℃、60min，90℃、30min，95℃、10～15min，100℃、10min。

用 80℃左右温度加热牛乳后则产生蒸煮味，且蒸煮味与牛乳中产生的巯基有关，这种巯基几乎全部来自乳清蛋白，并且主要由 β-乳球蛋白所产生。

2. 酪蛋白的变化

在低于 100℃的温度下加热时牛乳化学性质不会受影响，140℃时开始变性。100℃长时间加热或在 120℃加热时产生褐变。100℃以下的温度加热，化学性质虽然没有变化，但对物理性质却有明显影响。经 63℃加热后，加酸生成的凝块比生乳凝固所产生的凝块小，而且柔软；用皱胃酶凝固时，随加热温度的提高，凝乳时间延长，而且凝块也比较柔软。

（四）对乳糖的影响

乳糖在 100℃以上的温度长时间加热则产生乳酸、醋酸、蚁酸（甲酸）等。离子平衡显著变化，此外也发生褐变，低于 100℃短时间加热时，乳糖的化学性质基本没有变化。

（五）对脂肪的影响

即使以 100℃以上的温度加热，牛乳脂肪也不起化学变化，但是一些球蛋白上浮，促使形成脂肪球间的凝聚体。因此高温加热后，牛乳、稀奶油就不容易分离。但经 62～63℃，30min 加热并立即冷却时，不致产生这种现象。

（六）对无机成分的影响

牛乳加热时受影响的无机成分主要为钙和磷。在 63℃以上的温度加热时，由于可溶性的钙和磷成为不溶性的磷酸钙［$Ca_3(PO_4)_2$］而沉淀，也就是钙与磷的胶体性质起了变化导致可溶性的钙与磷即行减少。

二、冷加工对乳的影响

（一）对蛋白质的影响

长期贮存的冷冻乳，例如－5℃下保存 5 周以上，－10℃下保存 10 周以上，解冻以后会发生酪蛋白的沉淀。酪蛋白在冻结过程中产生沉淀的原因及防止办法为：

① 乳中盐类含量较高，如 Ca^{2+} 含量越高，乳冻结过程中稳定性差，Ca^{2+} 中和酪蛋白的胶体电荷使之沉淀，可以除去一部分 Ca^{2+}，加入六偏磷酸钠或四磷酸钠，可提高乳在冻结过程中的稳定性。

② 乳糖结晶。浓缩乳冻结时，乳糖结晶能促使蛋白质的不稳定现象，添加蔗糖可增加酪蛋白复合物的稳定性，同时具有防止乳糖结晶作用。

③ 解冻乳能否保持乳的稳定性取决于冻结乳中游离水含量的高低。－12℃时，乳中有 92％的游离水冻结，尚存 4.5％的游离水，这些游离水中溶解乳酸，浓缩盐类从而破坏了酪蛋白稳定。－25℃冻结，游离水中 97.1％已冻结，贮存数量良好，可保存 18 个月。最好用分层速冻达到冻结乳中游离水的目的。

④ 冷冻乳的贮存及解冻方法：冷冻乳贮存时至少与冻结温度相同，最好用－25℃，解冻时放置在 82℃水浴锅中融化效果较好。

（二）对牛乳组织状态的影响

牛乳的冷冻加工主要指冷冻升华干燥和冷冻保存的加工方法。

不稳定现象为：在冻结初期，把牛乳融化后出现脆弱的羽毛状沉淀，其成分为酪蛋白酸钙。这种沉淀物用机械搅拌或加热易使其分散。随着不稳定现象的加深，形成用机械搅拌或加热后也不再分散的沉淀物。原因在于受牛乳中盐类的浓度（尤其是胶体钙）、乳糖的结晶、冷冻前牛乳的加热和解冻速度等所影响使酪蛋白胶体从原来的状态变成不溶解状态。

防止办法：可添加六偏磷酸钠（0.2％）或四磷酸钠，或其它和钙有螯合作用的物质；速冻；添加蔗糖则可增加酪蛋白复合物的稳定性；融化冻结乳时的温度，以在 82℃水浴锅中融化效果最好。

冷冻升华干燥常用于初乳制品及酪蛋白磷酸肽等的加工，加工中需要事先冷冻。这需要采用薄层速冻的方法，可以完全避免酪蛋白的不稳定现象。

（三）对脂肪的影响

牛乳冻结时，由于脂肪球膜的结构发生变化，脂肪乳化产生不稳定现象，以致失去乳化能力，并使大小不等的脂肪团块浮于表面。原因包括：冻结产生的冰结晶，由这些碎片汇集成大块时，脂肪球受冰结晶机械作用的压迫和碰撞形成多三角形，相互结成蜂窝状团块；脂肪球膜随着解冻而失去水分，物理性质发生变化而失去弹性；脂肪球内部的脂肪形成结晶而产生挤压作用，将液体从脂肪内释放挤出而破坏了球膜，因此乳化状态也被破坏。

防止办法：冷冻前均质，使每个脂肪球达 1.0μm 以下，提高黏度，防止解冻后上浮。防止乳化状态不稳定的方法很多，最好的方法是在冷冻前进行均质处理（60℃，22.54～24.50MPa）。

（四）对牛乳风味和细菌变化的影响

冷冻保存的牛乳，经常出现氧化味、金属味及鱼腥味。细菌几乎没有增加，与冻结前乳相近似，但处理时混入了金属离子（Cu^{2+}），促进不饱和脂肪酸的氧化，产生不饱和的羟基化合物。

防止方法：添加抗氧化剂。

三、发酵对乳的影响

发酵时对乳性质的影响主要有以下几个方面：

（一）乳糖转化成乳酸

在消毒牛乳中加入乳酸菌发酵剂后，乳酸菌就会在适宜的温度中大量生长繁殖，将牛乳中的乳糖转化成乳酸，并形成特殊的气味。因为乳糖的消失，乳糖不耐症现象也得到缓解。

（二）稳定性降低

乳酸的形成使乳清蛋白和酪蛋白复合体因其中的磷酸钙和柠檬酸钙逐渐溶解而变得越来越不稳定。当体系内的 pH 达到酪蛋白的等电点时（pH4.6～4.7），酪蛋白胶粒开始聚集沉降，使原料乳变成了半固体状态的凝胶体——酸乳。

（三）生化反应

在乳酸菌增殖过程中，产生乳酸的同时，也伴有一系列的生化反应：糖代谢、蛋白质代谢、脂肪代谢、维生素变化、矿物质变化和其它变化。

（四）物理性质的变化

乳酸发酵后 pH 从 6.6 降低至 4.4，形成软质的凝乳，产生了细菌与酪蛋白微胶粒相连的黏液，赋予搅拌型酸乳黏浆状的质地。

（五）感官性质的变化

乳酸发酵后使酸乳呈圆润、黏稠、均一的软质凝乳质地，且具有典型的酸味。主要以乙醛产生的风味最为突出。

（六）微生物指标的变化

发酵时产生的酸度和某些抗菌剂可防止有害微生物生长。由于保加利亚乳杆菌和嗜热链球菌的共生作用，酸乳中的活菌数$>10^7$cfu/mL，同时还产生乳糖酶（β-半乳糖苷酶）。

第四节　常乳与异常乳

一、概述

常乳：乳牛产犊7天以后至干奶期开始之前所产的乳。常乳的成分及性质基本稳定，是乳制品生产的原料乳。

异常乳：指乳牛受饲养管理、疾病、气温以及其它各种因素的影响时，成分和性质发生了变化，不适于作为乳品加工的原料乳。根据致异原因不同又分为生理异常乳、化学异常乳、病理异常乳和微生物污染乳。

二、异常乳类型及其特点

（一）生理异常乳

1. 营养不良乳

饲料不足、营养不良的乳牛所产的乳汁，皱胃酶对其几乎不凝固，这种乳不能用于生产干酪。当喂以充足的饲料以后，牛乳质量与性质即可恢复正常。

2. 初乳

牛产犊后3天之内的乳汁称为初乳。初乳在感官上呈黄褐色，有异臭，味苦，黏度大。成分组成上与常乳显著不同，因而其物理性质也与常乳差别很大，故不适于做普通乳制品生产用的原料乳。但近些年来许多乳制品厂将牛初乳作为制作保健型乳制品的原料，研究证明，初乳中含有大量的抗体，即免疫球蛋白，其体现出了初乳最有价值的方面。此外还含有较多的其它对人体非常重要的活性物质，因此可利用牛初乳加工功能性保健乳食品。

3. 末乳

乳牛干奶前2周所分泌的乳汁称为末乳。与常乳相比，其化学成分有显著异常，有苦而微咸的味道，细菌数及过氧化氢酶含量增加，酸度降低，pH 达 7.0，细菌数达 250 万 cfu/mL，氯根浓度约为 0.06%，不适合作为乳制品加工的原料。

（二）化学异常乳

1. 酒精阳性乳

乳品厂检验原料乳时，一般先做酒精试验，即用浓度 68%或 70%的酒精与等量的乳进行混合，凡产生絮状凝块的乳称为酒精阳性乳。酒精阳性乳在加工中当温度超过 120℃时容易发生凝固而阻塞管道，使乳无法通过板式换热器，乳凝在管壁上，使设备难以清洗，给乳品加工带来困难，且这种乳难以贮存，风味差。

（1）高酸度酒精阳性乳　因挤奶时的卫生条件、贮存和运输不当而造成乳中的微生物大量生长繁殖，产生乳酸和其他有机酸，从而导致乳酸度升高而呈酒精试验阳性。要预防高酸度酒精阳性乳，必须注意挤奶时的卫生，并将挤出的鲜乳保存在适当的温度条件下，以免造成微生物污染和繁殖。

（2）低酸度酒精阳性乳　有的鲜乳虽然酸度低（16°T 以下），但酒精试验也呈阳性，所以称作低酸度酒精阳性乳。

此种乳酸度、蛋白质（酪蛋白）、乳糖、无机磷酸、透析性磷酸等的数量较正常乳低，而乳清蛋白、钠离子、氯离子、钙离子、胶体磷酸钙等较正常乳高。分泌阳性乳的乳牛外观并无异样，但其血液中钙、无机磷和钾的含量降低，有机磷和钠增加，血液和乳汁中镁的含量都低。总的来看，盐类含量不正常及其与蛋白质之间的平衡不匀称时，容易产生低酸度酒精阳性乳。

利用低酸度酒精阳性乳加工消毒乳、酸乳、乳粉等乳制品，其微生物和理化指标都符合乳制品标准的要求，主要是感官指标中的组织状态和风味欠佳。除遗传因素外，饲养管理、环境因素和生理机能等不适都会造成低酸度酒精阳性乳的产生。

2. 低成分乳

通常是指乳的总干物质不足 11%，乳脂率低于 2.7%的原料乳，主要由乳牛品种、饲养管理及疾病等原因引起。防治办法包括选育和改良乳牛品种、合理的饲养管理、清洁卫生条件及合理的榨乳、收纳、贮存等。

3. 成分标准异常乳

成分标准异常乳是指由于人为因素而导致成分不能达到标准的乳。常见的包括偶然混入异物、人为混入异物、经牛体污染异物三种情况。

（三）病理异常乳

1. 乳房炎乳

乳房炎乳是牛乳房炎致病菌通过乳导管进入乳腺，在乳头或乳腺上皮组织中反应而产生的。导致乳房炎的主要病原菌大约60%为葡萄球菌，20%为链球菌，混合型的占10%，其余10%为其他细菌。乳房炎乳的关键特征是白细胞数量增加，此外乳中血清白蛋白、免疫球蛋白、体细胞、钠离子、氯离子、pH、电导率等均有增加的趋势；而脂肪、无脂乳固体、酪蛋白、β-乳球蛋白、α-乳白蛋白、乳糖、酸度、相对密度、磷离子、钙离子、钾离子、柠檬酸等均有减少的趋势。

炎症会引起乳产生一系列物理、化学和微生物方面的变化，包括乳化学组成的改变，由于乳的不同组分具有特定的功能，乳组分的变化将导致其功能的改变，因此此种乳不能作为加工原料。

2. 其它病乳

除乳房炎以外，乳牛患有其它疾病时也可以导致乳的理化性质及成分发生变化。患口蹄疫、布氏杆菌病等的乳牛所产的乳其质量变化大致与乳房炎乳相类似。另外，患酮体过剩、肝机能障碍、繁殖障碍等的乳牛，易分泌低酸度酒精阳性乳。

（四）微生物污染乳

由于挤乳前后的污染、不及时冷却和器具的洗涤杀菌不完全等原因，鲜乳被微生物污染，鲜乳中的细菌数大幅度增加，以致不能用作加工乳制品的原料，这种乳称为微生物污染乳。

1. 微生物污染乳的种类

微生物污染乳产生主要有以下几种情况：酸败乳是由乳酸菌、丙酸菌、大肠菌、小球菌等造成的，导致牛乳酸度增加，稳定性降低；黏质乳是嗜冷、明串珠菌属菌等造成的，常导致牛乳黏质化、蛋白质分解；着色乳是嗜冷菌、球菌类、红色酵母引起的，使乳色泽黄变、赤变、蓝变；异常凝固分解乳由蛋白质分解菌、脂肪分解菌、嗜冷菌、芽孢杆菌引起，导致乳胨化、碱化和脂肪分解臭及苦味的产生；细菌性异常风味乳由蛋白质分解菌、脂肪分解菌、嗜冷菌、大肠菌引起，导致乳产生异臭、异味；噬菌体污染乳由噬菌体引起，主要是乳酸菌噬菌体，常导致乳中菌体溶解、细菌数减少。

2. 微生物污染途径

乳房：乳房的外部沾污着大量粪屑等，这些粪屑中的微生物，从乳头端部侵入乳房，由于本身的繁殖和乳房的物理蠕动而进入乳房内部。因此，第一股乳流中，微生物的数量最多。

牛体：牛舍空气、垫草、尘土以及本身的排泄物中的细菌大量附着在乳房的周围，当挤乳时就混入牛乳中。

空气：挤乳及收乳过程中，鲜乳经常暴露于空气中，因此受空气中微生物污染的机会很多，尤其是牛舍内的空气，含有很多的细菌。通常每毫升空气中含有细菌50～100个，灰尘多时可达10000个，其中以带芽孢的杆菌和球菌属居多，此外霉菌的孢子也很多。

挤乳用具和乳桶等：挤乳时所用的乳桶、挤乳机、过滤布、洗乳房用布等如果不事先进行清洗杀菌，则这些用具也会使鲜乳受到污染。

其它：挤乳员的手不清洁，或者混入苍蝇及其它昆虫，污水溅入乳桶中等。

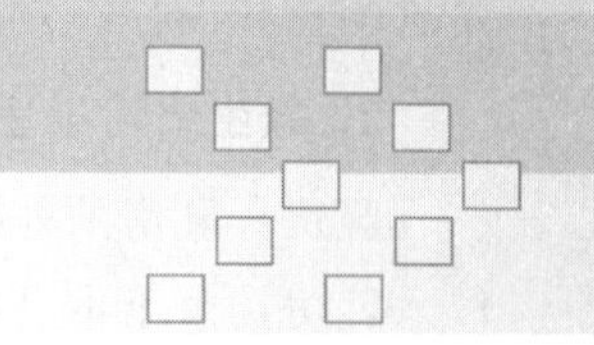

第二章 乳中的微生物

牛乳是乳制品加工的主要原料，富含蛋白质、脂肪、矿物质和多种天然营养成分，也是微生物生长的良好培养基。从健康的乳牛乳房中刚挤下的牛乳中微生物数量极少。但是，挤乳操作过程中与挤乳环境和挤乳器具的接触或乳房疾病等各种因素，均能增加牛乳中微生物数量和种类，从而降低原料乳的贮藏性能，并影响加工处理的效果和最终成品的质量。

一般把这些微生物分为三类，第一类是病原微生物，如结核杆菌、溶血性链球菌、布氏杆菌、沙门菌、乳房炎链球菌等，这类微生物对乳与乳制品的性质没影响，但对人、畜机体有害，能够通过乳传播各种传染病；第二类是有害微生物，如产酸菌、蛋白质分解菌、脂肪分解菌、低温菌、大肠埃希菌等，这类微生物可以引起乳及乳制品腐败变质；第三类是有益微生物，如乳酸菌、酵母菌、青霉菌等，乳酸菌在酸乳、干酪、酸性奶油及酸乳制品方面起重要作用，酵母菌是生产牛乳酒、发酵制品不可缺少的微生物，青霉菌是生产某些特殊风味干酪的必备菌种。

第一节　乳中微生物的来源

一、内源性污染

内源性污染是指污染微生物来自牛体内部，即牛体乳腺患病或污染有菌体、泌乳牛体患有某种传染性疾病或局部感染而使病原毒体通过泌乳排出到乳中造成的污染，如布氏杆菌、结核杆菌、放线菌、口蹄疫病毒等病原体。

在一般健康乳牛的乳房内的乳汁中含有 500～1000 个/mL 的细菌是比较普遍的。当乳牛患有乳房炎等疾病的情况下细菌数会增加到 5×10^5 个/mL

以上。

能导致乳腺炎的病原微生物有：金黄色葡萄球菌、酿脓链球菌、停乳链球菌、大肠埃希菌等。

二、外源性污染

原料乳外源性污染主要来自奶牛体表、牛舍中饲料、牛的粪便、挤乳器具和盛乳容器、冷却设备和乳罐车等的污染。

1. 来源于牛体的污染

乳房周围和牛体皮肤表面，由于常与空气接触，很容易被附着在尘埃上的微生物污染。据测定，在不清洁的牛舍中饲养的牛，体表面的每克污染物中，含有的细菌数可达 10^7～10^8 个；若受到粪便或饲料污染，体表的细菌会明显增加，这些细菌在挤乳时很容易随着体表污物进入乳中，对乳造成污染。乳房周围也带有大量细菌，挤乳时很容易对乳造成污染。因此，挤乳前必须用温水清洗乳房和腹部，以尽量减少对乳的污染。

2. 来源于牛舍的污染

牛舍中的饲料、粪便、地面土壤、空气中尘埃等，都是牛乳污染的主要来源。饲料和粪便中含有大量微生物，尤其是粪便，每克粪便中含有 10^9～10^{11} 个细菌。据测定，在 10L 乳中掉入 1g 含 10^9 个细菌的粪便时，则会使每毫升乳液增加 10^5 个细菌。当牛舍不清洁且干燥时，许多饲料和粪便的微粒就会成为尘埃分散在牛舍空气中，对空气造成污染。当在牛舍中饲喂、清洗牛体以及打扫牛舍时，牛舍空气中的细菌数可达 10^3～10^4 个/L。而在清洁的牛舍中，每升空气中细菌数只有几十至几百个。所以，一般牧场都是在挤乳后才进行饲喂和清扫，挤乳前也要给地面洒水、通空气，尽量减少空气中尘埃及微生物数量，减轻因乳与空气接触而造成的污染。

3. 来源于挤乳用具及工作人员的污染

挤乳用具有盛乳桶、挤乳器、输乳管、过滤布等，在挤乳前如果不进行清洗消毒，它们也会对乳造成污染。据试验，若乳桶只用清水清洗而不杀菌，装满牛乳后，每毫升乳中的细菌数可高达 250 多万个；而用蒸汽杀菌后再盛乳，则每毫升乳中细菌数只有 2×10^4 个左右，所以，一般在挤乳前均要对挤乳时所用的各种器具进行清洗杀菌，挤乳完成后也要用热碱水进行清洗。挤乳工作人员的手、工作衣帽及其健康状况，都有可能对乳造成污染。

4. 来源于贮存运输过程中的污染

牛乳挤出后，在未消毒加工之前的这一阶段中，如果贮存运输方法不当、器械不清洁也会对乳造成污染。一般在贮存乳时，要将乳收集到比较大的容器中，所用容器必须要清洗杀菌，乳每转换一次容器均要进行过滤，过滤纱布要定期更换、清洗、消毒。每一容器装满后要将盖盖严，尽量减少与空气接触时间。运输工具也要清洁卫生，经常清洗。挤出的乳要尽快送到乳品厂，减少存放时间。

第二节 乳中微生物的类型

一、原料乳中的病原菌

乳与乳制品是微生物非常好的培养基，同样也成为致病菌的温床。一般牛乳与乳制品常见的致病菌有葡萄球菌、链球菌、大肠埃希菌、沙门菌、炭疽杆菌、肉毒杆菌以及布鲁菌等。这些病原菌进入牛乳和乳制品中，会引起牛乳的风味、色泽、形态发生变化，并引起食物中毒或传染疾病。

1. 葡萄球菌属

葡萄球菌是革兰氏阳性球菌，需氧和兼性厌氧细菌，依据菌落的色素分为金黄色、白色、柠檬色葡萄球菌。其繁殖温度为10～45℃，以28～38℃生长较好，最适温度是37℃，最适pH为7.4，但在pH4.5～9.8均可生长。

葡萄球菌是常见的致病菌，经葡萄球菌污染的乳品等食品，条件适合时细菌生长代谢物含有毒素，人们食用后即可引起食物中毒，其中金黄色葡萄球菌致病力最强。葡萄球菌能使牛乳中乳蛋白质发生胨化。

2. 链球菌属

链球菌是乳和乳制品重要菌种。链球菌是革兰氏阳性球菌，兼性厌氧，无芽孢，最适生长温度是37℃。链球菌能形成很多外毒素，如溶血毒素、杀白细胞素、纤维溶解素（能溶解人体血液纤维）。

3. 沙门菌属

牛乳及乳制品中沙门菌通常来自患有沙门菌病的乳牛粪便排泄物、乳头或被污染的乳房清洗水以及人为操作过程，此外还有大肠埃希菌属、李斯特菌属、布鲁菌属、芽孢杆菌属等。

二、原料乳中的病毒和噬菌体

1. 病毒

病毒是一类能通过细菌滤器，仅含有一种类型核酸（DNA 或 RNA），只能在活细胞内生长繁殖的非细胞形态微生物。病毒在自然界分布很广，人和动物、植物以及微生物均能被感染。其中感染人和动物的病毒较多，而且易引起疫病的流行和造成经济损失。病毒在牛乳中并不能繁殖，但也有一些病毒污染牛乳后能够在其中存活较长时间。在牛乳即使含有很少量的病毒也有可能引起感染。牛乳中一些导致胃肠炎的病毒经过巴氏杀菌处理后，能被杀死或感染力会下降。

2. 噬菌体

噬菌体是一种侵害细菌的病毒总称，又称为细菌病毒。对牛乳、乳制品的微生物而言，最重要的噬菌体为乳酸菌噬菌体。作为干酪或酸乳菌种的乳酸菌有被其噬菌体侵袭的情形发生，以致造成乳品加工中的损失。

三、原料乳中的腐败微生物

腐败微生物泛指能使鲜牛乳腐败变质，导致乳及乳制品质量改变的一群微生物。鲜牛乳腐败变质主要是由于其中有一些能够分解蛋白质和脂肪的微生物，产生蛋白酶所致。在牛乳及乳制品中常见的腐败微生物有革兰氏阴性无芽孢杆菌、革兰氏阳性杆菌和芽孢杆菌、棒状杆菌、一些乳酸菌以及酵母菌和霉菌等。这些腐败微生物通常通过粪尿、饲草、污水等污染牛乳及乳制品。

1. 大肠菌群

生长温度范围在－2～50℃，且适应 pH 范围较广，pH4.4～9.0 均能生长。它包括肠杆菌科的埃希菌属、肠杆菌属、柠檬酸菌属等。

大肠菌群很容易从母牛的肠道中分离到，所以检测原料乳和乳制品大肠菌群的作用是非常有限的。为了检验巴氏杀菌的效果，一般在巴氏消毒乳、奶油和其他乳制品中检测是否残留大肠菌群和磷酸酶。若两者都显阳性，则说明巴氏杀菌操作不当；若大肠菌群结果为阳性，而磷酸酶的结果为阴性，则说明巴氏消毒后产品被污染了。通常认为大肠菌群主要直接或间接来自人与动物的粪便。

2. 假单胞菌属

广泛存在于大自然中，能产生各种荧光色素，发酵葡萄糖和乳糖，该属多数菌能使乳制品蛋白质分解而变质，如荧光极性鞭毛杆菌除了能使牛乳胨化外，还能分解脂肪，使牛乳发生酸败。

3. 黄杆菌属

黄杆菌多数情况下来自自然环境中的水、土壤和乳品厂废弃物以及污水，其嗜冷性强，能够在较低的温度域中生长。在4℃引起鲜牛乳变黏以及酸败，是原料乳和其他冷藏食品酸败变质的主要细菌之一。

4. 产碱杆菌属

最适生长温度为20～37℃，能够在较低的温度域生长，通常在普通营养琼脂培养基上形成不带色素的菌落，氧化酶和触酶试验呈阳性，不产生吲哚以及不水解明胶，不发酵葡萄糖或乳糖产酸产气。能在石蕊牛乳培养基中产碱。有些菌种能产生黄色、灰黄色或橙色色素。

产碱杆菌分布于水源、土壤、饲料以及人和动物的肠道内，常常使鲜牛乳和其他食品污染而变质，如粪产碱杆菌。

5. 莫拉菌属

能够在低温条件下生长。在冷藏情况下，假单胞菌能促进生长。该菌能分解蛋白质和脂肪，导致食品产生不良气味，但很少引起鲜牛乳的败坏。

四、原料乳中的有益微生物

原料乳中除了含有引起腐败变质、降低其质量的微生物和一些致病菌之外，常常混有有益人类机体、有利鲜牛乳保藏的微生物。这些微生物包括乳酸菌、双歧杆菌、丙酸杆菌等细菌。

乳酸菌是指能够发酵糖类产生大量乳酸的细菌惯用叫法，并不是细菌分类学上名称。已知的细菌被分类为数百个属，其中与乳酸菌相关的属就有10多种。

1. 乳杆菌属

乳杆菌分布极广，自然界土壤、水源、食品、牛乳以及人和动物肠道是它们的主要栖息场所。乳杆菌对人类和动植物无致病性。乳杆菌属中许多菌株被用于发酵乳制品、饮用酒和泡菜等发酵食品的生产以及工业乳酸的发酵等领域。其中保加利亚乳杆菌、嗜酸乳杆菌、干酪乳杆菌、瑞士乳杆菌和植物乳杆菌等在酸乳、干酪、乳酸菌饮料和保健食品的生产中应用较多。

保加利亚乳杆菌是应用最广泛的乳杆菌之一。菌体呈杆状，有时呈长丝状、链状排列。最适生长温度为35～42℃，在培养基中加入酵母浸出物或牛乳成分时生长良好，在牛乳中有很强的产酸能力，能分解牛乳蛋白质生成氨基酸。该菌常与嗜热链球菌配伍作为发酵乳发酵剂而应用较多。

嗜酸乳杆菌是认识较早的肠道乳杆菌之一，具有在人和动物肠道中繁殖生长的能力，也是肠道微生物菌群中的主要组成菌株，可从幼儿和成人粪便中分离出。菌体呈细长形、单个或短链状排列。该菌耐酸性很强，但在牛乳中产酸能力较弱，最适生长温度为37℃。

2. 乳球菌属

乳球菌通常分布于生乳和乳制品中，在粪便和土壤中未有分离到的报道。该属的菌株对人类是安全的，尚未有临床病例的报道。乳酸乳球菌乳酸亚种和乳酸乳球菌乳脂亚种常用作干酪的发酵剂菌株，并对这两株的遗传学特性研究比较多。尤其是其菌体抗性和质粒特性研究在干酪制品的制造中具有重要意义。

3. 链球菌属

通常最适生长温度为37℃，在25～45℃都能生长。葡萄糖发酵的主要产物是乳酸，不产气，属同型乳酸发酵。嗜热链球菌是酸牛乳发酵剂菌株，普遍用于各种酸牛乳的生产。其中有些菌株在牛乳中能够生成荚膜和黏性物质，能增加酸牛乳的黏度，常用于高黏度搅拌型酸乳或凝固型酸乳的生产。

4. 明串珠菌属

最适生长温度为20～30℃。在牛乳中产酸能力较弱，产香性能也不很理想。常用于干酪和发酵奶油的生产。柠檬酸明串珠菌常见于牛乳中，并能利用柠檬酸产生二乙酰等芳香物质，所以也常用作干酪发酵剂。

5. 丙酸杆菌属

最适生长温度为30℃，有不产色素或形成红褐色素的菌株。该属有些菌株常见于干酪和乳制品中，如费氏丙酸杆菌、詹氏丙酸杆菌、特氏丙酸杆菌和丙酸杆菌等在干酪发酵中产生气孔和特殊风味。广泛分布于乳制品、其他食品以及人类、动物皮肤、呼吸道和肠道中，也是肠道正常菌群的组成成员之一。

6. 双歧杆菌属

最适生长温度为37～41℃，最低生长温度为25～28℃，最高生长温度为43～45℃；起始生长最适pH为6.5～7.0，在pH4.5～5.0以下，或pH8.0～8.5以上不生长。

7. 微球菌属

最适生长温度为25～37℃。多数种发酵碳水化合物产酸但不产气，能酸化石蕊牛乳，不产生吲哚。微球菌在形态和生长特性上与葡萄球菌较相近，应根据代谢方式加以区别。微球菌广泛分布于土壤、水、尘埃、牛乳及哺乳动物皮肤表面，其中哺乳动物皮肤可能是其最经常栖息的场所。该属细菌无显著的致病性。

微球菌常见于从乳牛的健康乳房中挤出的乳中。在自然状态下，是构成乳头表面微生物群落的组成之一。大多数种耐热性较强，能够引起UHT灭菌乳的变质。它们分解蛋白质和脂肪的活性较强，因此常用于干酪的成熟。

五、原料乳中的真菌

真菌是在形态结构和大小上不同于细菌的一类微生物，单细胞个体比细菌大几倍至几十倍。其细胞壁中不含有肽聚糖，具有细胞核和完整的核膜以及完整细胞器，属于真核细胞型微生物。真菌与人类生活、生产有着密切的关系，也有一些给人类带来危害的病源性真菌以及引起农畜产品和食物腐败变质的真菌。

1. 酵母菌

酵母菌是一群能发酵糖类并以单细胞为主，以芽殖为主要繁殖方式的单细胞真菌。在自然界中分布较广。通常在牛乳及其制品中，酵母菌不能很好地生长繁殖。

2. 霉菌

霉菌是一类丝状真菌。与牛乳和乳制品关系较大的霉菌种类，主要是结核菌类、子囊菌类以及半知菌类的真菌。其中根霉菌以及毛霉菌等真菌常出现于干酪和乳房炎乳中，其危害较大。

曲霉菌属和青霉菌属中与发酵工业有关的菌株较多，有些菌株应用于乙醇以及柠檬酸的生产，也应用于干酪的制造，如利用米曲霉的蛋白质分解作用制造特殊风味的干酪。但对牛乳及乳制品来说，引起腐败变质的菌株也较多。根霉菌属的黑根霉常污染奶油和干酪，在其表面形成污点。干酪等乳制品也易受霉菌污染而产生毒素。

六、原料乳中的嗜冷菌和耐热菌

1. 嗜冷菌

所谓嗜冷菌是指那些在低于7℃时可以生长繁殖的细菌，虽然其理想生长温度为 20～30℃，但在冷藏温度下仍可生长。这类细菌的大多数可经巴氏杀菌被杀死，但菌体生长过程中产生的胞外酶却具有抗热性，可以在巴氏消毒乳中保留其酶活力，进而因酶的作用影响原料乳和终产品的风味和质量。控制微生物污染及有效抑制其在乳中的生长是提高和改善低温冷藏产品品质的关键。

2. 耐热菌

所谓耐热菌是指在试验型巴氏杀菌温度下可以存活的菌体，乳微细菌、芽孢菌通常可 100%存活，一些微球菌的耐热性差，产碱杆菌仅有 1%～10%存活，链球菌（即粪肠球菌）、乳杆菌和一些棒状杆菌是耐热菌，可在 60℃下耐受 20min，但仅有 10%左右的菌株可耐受到 63℃、30min，常见的耐热菌有芽孢菌属、梭状芽孢杆菌等。

第三节　乳中微生物生长规律

微生物生长必须从菌体外取得必需的营养和足够的能量来合成菌体。其生长可分为 4 个阶段，即缓慢期、对数期、稳定期和衰亡期。细菌生长曲线如图 2-1 所示。

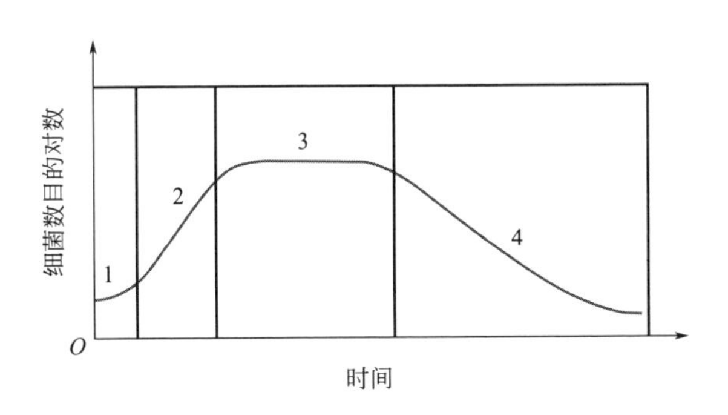

图 2-1　微生物生长曲线

1—缓慢期；2—对数期；3—稳定期；4—衰亡期

缓慢期中，菌种生长刚开始一段时间，菌体数目并不增加，甚至稍有减少，但菌体细胞的代谢却很旺盛，菌体细胞的体积增长很快。之后，菌体细胞分裂程度剧烈上升，菌体数目以几何级数增加，此期称为对数期。生产上采用各种措施尽量延长对数期以提高发酵生产力，这就是连续发酵的基本原理。对数期后，当培养液中菌体的增多数和死亡数相平衡时，即为稳定期。此时，由于营养物质的减少，菌体有毒代谢产物的积累，促使菌体加速死亡。菌体死亡速度大大超过繁殖速度时，就进入衰亡期，并出现菌体变形、自溶等现象。

生乳在生产阶段细菌数的变化如图 2-2 所示。

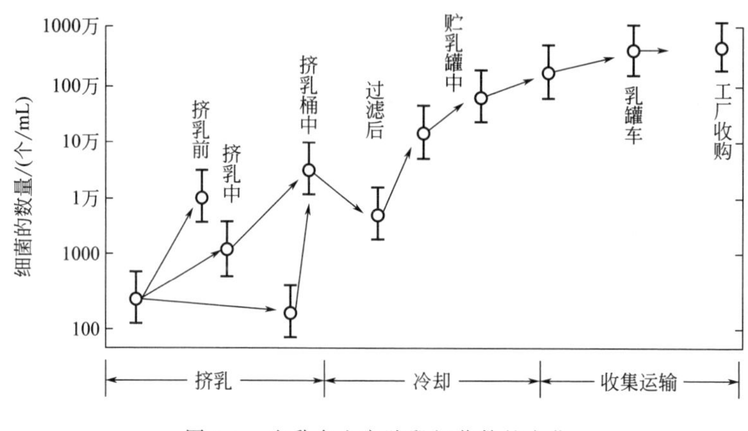

图 2-2 生乳在生产阶段细菌数的变化

第四节 乳中微生物含量及变化规律

一、鲜乳中微生物的含量

刚挤出的鲜乳微生物含量随乳牛的健康状况、泌乳期、挤乳前后的卫生状况等不同而不同。通常以无菌操作从健康正常乳房挤出的乳，平均每毫升的菌数为 500～1000 个。由于乳头通道中聚集的细菌大部分在开始挤乳时混入乳中，所以最初挤出的乳细菌含量最高，随着挤乳继续进行，菌数逐渐减少，最后挤出的乳，每毫升含菌数仅几十至几百个（表 2-1）。

表 2-1 挤乳各阶段鲜乳中的细菌数 单位：个/mL

不同区域	夏季			冬季	
	最初挤出的乳	中间挤出的乳	最后挤出的乳	最初挤出的乳	最后挤出的乳
A	3280	100	85	16500	1432
B	21000	1400	330	5800	50
C	19300	1900	580	5700	540

二、牛乳在室温下贮存时微生物的变化

鲜乳在杀菌前都有一定数量的、不同种类的微生物存在，如果放置在室温（10～21℃）下，会因微生物在乳液中活动而逐渐使乳液变质。

室温下微生物的生长过程可分为以下几个阶段：

1. 抑制期

这种杀菌作用源于一种名为“乳烃素”的细菌抑制物，它分为两种，即乳烃素1和乳烃素2，前者存在于初乳中，后者存在于常乳中，这种细菌抑制物的破坏温度是70℃、20min。在含菌少的鲜乳中，其作用可持续36h（13～14℃）；若在污染严重的乳液中，其作用可持续18h左右。乳烃素的杀菌或抑菌作用随温度的升高而增强，但持续时间会缩短。因此，鲜乳放置在室温环境中，在一定的时间内并不会出现变质的现象。此时，牛乳中均含有多种抗菌性物质，它在最初阶段抑制牛乳中的微生物，使其中的微生物反而减少。

2. 乳链球菌期

生鲜牛乳过了抑菌期后，抗菌物质减少或消失，微生物迅速繁殖，尤其是细菌的繁殖占绝对优势，致使牛乳凝块出现。这些细菌主要是乳链球菌、乳酸杆菌、大肠埃希菌和一些蛋白质分解菌等，特别是乳链球菌生长繁殖尤其旺盛，乳链球菌可分解牛乳中的乳糖而产生乳酸，因此，牛乳的酸度会不断升高，其他腐败细菌的活动就受抑制。当酸度升高至一定限度时（pH4.5），乳链球菌本身受到抑制就不再继续繁殖，相反会逐渐减少，这时就有牛乳凝块出现。

3. 乳酸杆菌期

乳链球菌在牛乳中繁殖，可使牛乳pH下降至6左右，这时乳酸杆菌的活动力逐渐增强。当下降至4.5以下时，由于乳酸杆菌耐酸力较强，尚能继续繁殖并产酸。此时还有非常耐酸的丙酸菌、孢子形成菌等出现，它们会消耗部分乳酸而形成一些优势菌。此时，乳液中可出现大量乳凝块，并有大量乳清析出。

4. 真菌期

当酸度继续下降至pH3.5～3时，绝大多数微生物被抑制甚至死亡，仅酵母和霉菌尚能适应高酸性的环境，并能利用乳酸及其他一些有机酸，形成优势菌。此时，由于酸被利用，乳液的酸度会逐渐降低，使乳液的pH不断上升接近中性。

5. 胨化菌期

经过上述几个阶段的微生物活动后，乳液中的乳糖被大量消耗，残余量已很少，在乳中仅是蛋白质和脂肪尚有较多的量存在。因此，适宜于分解蛋白质和脂肪的细菌在其中生长繁殖，此时，乳凝块被消化（液化），乳液的 pH 逐步提高，向碱性方向转化，并有腐败的臭味产生的现象。这时的腐败菌大部分是属于芽孢杆菌属、假单胞菌属以及变形杆菌属的一些细菌。

三、牛乳在低温保藏中的微生物变化

引起牛乳在低温保藏中变化的微生物主要是低温菌。在低温保藏中，低温菌能产生一些酶，这些酶类在低温（0℃）下仍具有活性，并具有耐热性，在加热处理后仍会有残留。所产酶可使脂肪、蛋白质分解，使乳胨化、黏质化，产生色素和异味。

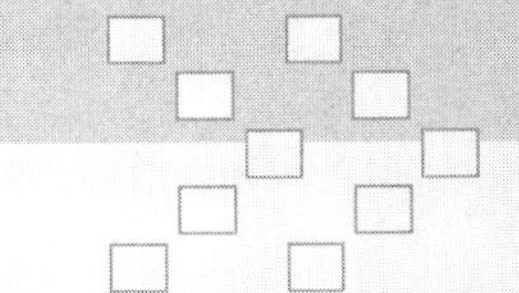

第三章

液态乳加工技术

第一节　概　　述

液态乳是指以生牛乳（或羊乳）、乳粉等为原料，添加或不添加辅料，经有效的加热杀菌方式处理后，制成分装出售的饮用液体牛乳。

一、液态乳的分类

（一）按加工工艺分类

1. 巴氏杀菌乳

巴氏杀菌乳是指只能以生鲜乳为原料，经巴氏杀菌工艺而制成的液体产品。需经62～65℃，30min保温杀菌，又称巴氏消毒乳（奶）、鲜牛乳（奶）、纯鲜牛乳（奶）。

2. 灭菌乳

灭菌乳是指以牛乳（或羊乳）或混合乳为原料，脱脂或不脱脂，添加或不添加辅料，经超高温瞬时灭菌、无菌灌装或保持灭菌而制成达到“商业无菌”要求的液态产品。

灭菌乳按照杀菌工艺又可以分为以下两类：

（1）超高温灭菌乳　超高温灭菌乳是指以生牛（羊）乳为原料，添加或不添加复原乳，在连续流动的状态下，加热到至少132℃并保持很短时间的灭菌，再经无菌灌装等工序制成的液体产品。

（2）保持灭菌乳　保持灭菌乳是指以生牛（羊）乳为原料，添加或不添加复原乳，无论是否经过预热处理，在灌装并密封之后经灭菌等工序制成的液体产品。

（二）根据营养成分分类

1. 纯牛乳

以生乳为原料，不添加其他原料制成的产品。

2. 营养强化乳

在生乳的基础上，添加其他营养成分，如维生素、矿物质、DHA等制成的产品。即把加工过程中容易损失的营养成分和日常食品中不易获得的成分加以补充，使成分加以强化的牛乳。

3. 功能乳

如低乳糖牛乳、低钠牛乳等。

4. 含乳饮料

在乳中添加水和其他调味成分而制成的含乳量为30%～80%的产品。

（三）根据脂肪含量分类

1. 全脂乳

全脂乳是指保持乳中的天然脂肪，且脂肪含量不低于3.5%的乳。

2. 部分脱脂乳

根据不同消费者的营养需求对乳中的脂肪进行标准化处理，按不同要求乳中脂肪含量在1.0%～3.5%的乳。

3. 脱脂乳

将鲜牛乳中的脂肪脱去，脂肪含量低于0.5%的乳。

（四）按包装式样分类

液态乳按包装式样分类，可分为玻璃瓶装消毒牛乳、塑料瓶装消毒牛乳、塑料涂层的纸盒装消毒牛乳、塑料薄膜包装的牛乳、多层复合纸包装的牛乳。

二、液态乳的典型生产

无论保鲜乳还是常温乳，基本生产工艺大体相同，典型的生产工艺如图3-1所示。

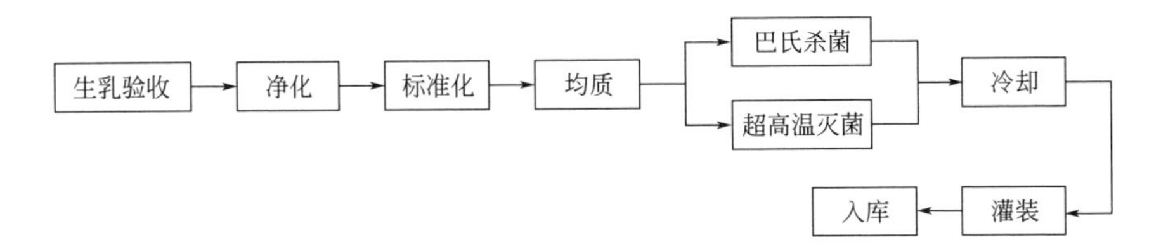

图 3-1 液态乳的典型生产工艺

第二节 巴氏杀菌乳加工技术

巴氏杀菌乳是以生鲜牛乳为原料，不脱脂、部分脱脂或脱脂，不添加任何辅料，经过预处理（收奶系统）、标准化、均质、杀菌、冷却、灌装而制成的液体产品。

一、工艺流程

巴氏杀菌乳生产工艺流程如图 3-2 所示。

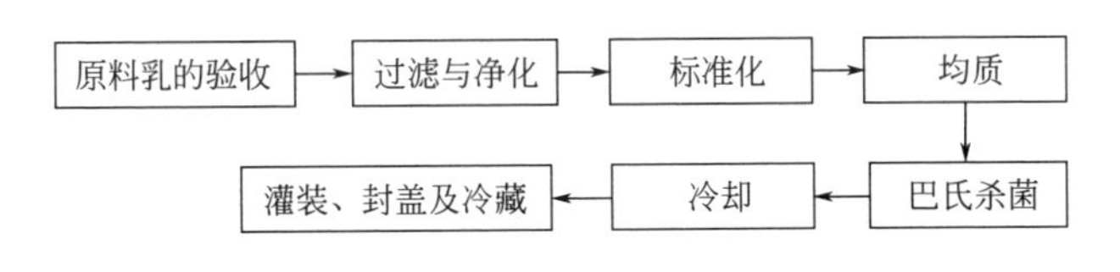

图 3-2 巴氏杀菌乳生产工艺

二、工艺要点

（一）原料乳的验收

原料乳验收是生产环节中的第一要素。原料乳的质量将直接影响到产品质量的好坏，所以必须严格控制原料乳的质量。优质的奶源是生产出优质产品的前提条件，企业应建立原料验收的标准，并严格按标准执行。原料乳验收中应做的项目有酒精实验、酸度测定、脂肪测定、蛋白质测定、抗生素检测、菌落总数检测以及掺杂掺假检测等。

(二) 过滤与净化

目的是除去乳中的尘埃、杂质。原料乳经验收称量后必须进行过滤或净化。

(三) 标准化

原料乳中的脂肪和非脂乳固体的含量随乳牛品种、地区、季节和饲养管理等因素不同而有很大差别。因此,必须对原料乳进行标准化。标准化的目的是确定巴氏杀菌乳中的脂肪、蛋白质及乳固体的含量,以满足不同消费者的需求。因此,根据原料乳验收数据计算并标准化,使鲜牛乳理化指标符合国家标准。根据所需巴氏杀菌乳成品的质量要求,需对每批原料乳进行标准化,改善其化学组成,以保证每批成品质量基本一致。

食品添加剂和调味辅料必须符合国家卫生标准要求。原料乳标准化所用的原料包括水、全脂乳粉、脱脂乳粉、无水黄油、新鲜稀奶油和乳清浓缩蛋白等,它们可以单独使用或配合使用,此工序可能造成的危害因素有:配料时不慎混入物理性危害物质、操作过程中员工及设备等带来的微生物污染等。在标准化过程中,必须避免细菌、致病菌、杂物和异物的污染,以及管道上的酸碱残留。乳脂肪的标准化方法有以下三种:

1. 预标准化

主要是指乳在杀菌之前把全脂乳分离成稀奶油和脱脂乳。如果标准化乳脂率高于原料乳,则需将稀奶油按计算比例与原料乳在罐中混合以达到要求的含脂率。如果标准化乳脂率低于原料乳,则需将脱脂乳按计算比例与原料乳在罐中混合,以达到要求的含脂率。

2. 后标准化

在杀菌之后进行,方法同上,但该法的二次污染可能性大。

3. 直接标准化

直接标准化是一种快速、稳定、精确,与分离机联合运作,单位时间内能大量地处理乳的现代化方法。将牛乳加热到 55～65℃后,按预先设定好的脂肪含量分离出脱脂乳和稀奶油,并根据最终产品的脂肪含量,由设备自动控制回流到脱脂乳中的稀奶油流量,从而达到标准化的目的。

(四) 均质

均质是杀菌乳生产中的重要工艺,采用板式换热器将预热温度升至 65～

70℃，均质压力调至16～18MPa。通过均质，可减小乳中的脂肪球直径，防止脂肪上浮，便于牛乳中营养成分的吸收。均质工序可能造成的危害因素有：均质机清洗不彻底造成的微生物污染、均质机清洗剂的残留、均质机泄露造成的机油污染等。

（五）巴氏杀菌

巴氏杀菌的温度和持续时间是关系到牛乳的质量和保存期的重要因素，必须准确掌握。加热形式很多，一般牛乳高温短时巴氏杀菌的温度通常为75℃，持续15～20s，或80～85℃，持续10～15s。如果巴氏杀菌太强烈，牛乳会有蒸煮味和焦煳味。

（六）冷却

杀菌后的牛乳应尽快冷却至4℃，冷却速度越快越好。其原因是牛乳中的磷酸酶对热敏感，不耐热，易钝化（63℃，20min即可钝化）。

（七）灌装、封盖及冷藏

生产好的消毒乳为方便运输、分类和零售，保证产品质量，要及时进行灌装。以前我国乳品厂采用的灌装容器主要是玻璃瓶和塑料瓶。目前已发展为采用塑料夹层纸及铝箔夹层纸和塑料杯等进行包装。灌装后的消毒乳，送入冷库作销售前的暂存，冷库温度一般为4～6℃。

三、质量控制

（一）乳脂肪上浮

生产过程中均质不当造成脂肪上浮。应控制均质的温度、压力和时间等条件，保证均质效果。

（二）成品微生物质量不合格

巴氏杀菌的杀菌温度或时间未达到要求。应确保杀菌符合条件。

生产设备清洗不良或存在卫生死角，导致杀菌后的物料二次污染。应保证生产设备及环境卫生符合要求。

杀菌后的物料未及时进行灌装，长时间存放或暂存温度较高，导致微生物增殖，造成超标，因此杀菌后灌装要及时。

（三）成品不到保质期发生变质

主要是由于贮存温度不符合要求。巴氏杀菌乳的贮存温度为0～4℃保存48h，如果高于这个温度就会产生变质现象。

第三节　超高温瞬时灭菌乳加工技术

超高温瞬时（UHT）灭菌工艺与巴氏杀菌工艺相近，主要区别在于超高温瞬时灭菌处理前一定要对所有设备进行预灭菌，超高温瞬时灭菌热处理要求更严、强度更大，工艺流程中必须使用无菌罐，最后采用无菌灌装。

超高温瞬时灭菌方式的出现，大大改善了灭菌乳的特性，不仅使产品从颜色和味道上得到了改善，而且还提高了产品的营养价值。超高温瞬时灭菌处理的产品也经常被说成是“商业无菌”的。

一、工艺流程

超高温瞬时灭菌乳工艺流程如图3-3所示。

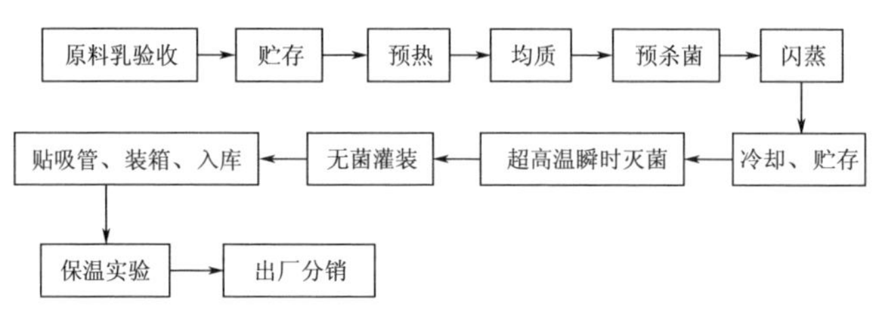

图3-3　UHT灭菌乳工艺流程

二、工艺要点

（一）原料乳的验收

生产超高温瞬时灭菌产品，对原料乳的要求较高，尤其重要的是牛乳中的蛋白质在热处理中不能失去稳定性。因此，原料乳除需具有巴氏杀菌乳的基本质量要求外，还在蛋白质的稳定性、微生物指标等方面有特殊要求。蛋白质的热稳定性可以通过酒精实验来进行快速鉴定。原料乳微生物指标包括细菌总数以及影响灭菌率的芽孢形成菌的数量。通常要求细菌总数应小于 2.0×10^5 cfu/mL，耐热芽孢数小于 100cfu/mL。另外，原料乳中体细胞数应小于 3.0×10^5 个/mL。

（二）贮存

图 3-3 中两个贮存之间的步骤一般在原料乳预处理车间完成。原料乳的贮存使用不锈钢保温奶罐，贮存温度不得＞8℃，一般控制在 4℃，要求贮存最长时间为 24h，24h 内温度升高不＞1℃。如贮存时间＞24h 需重新对原乳进行检验。

从预热到贮存的步骤一般在一台杀菌机中完成，其主要作用是对原料乳的预杀菌，而其他加工步骤包括均质、闪蒸可根据工艺要求前移或后置。

（三）预热

首先将牛乳预热至 65～85℃，其目的是：

① 可以进行热回收。一般预热段使用的热源是杀完菌之后需要被冷却的高温无菌牛乳，通过热交换壁将热量传递给需要升温的低温原料乳，这样热回收率可达 88%～95%，大大降低了热能消耗，节约生产成本。

② 某些加工步骤需要预热。例如均质要求原料乳的温度在 50℃以上，标准化、脱气、闪蒸等都需要原料乳预热。

（四）均质

UHT 灭菌乳中的均质同巴氏杀菌乳加工技术。根据均质机放置位置可将均质分为无菌均质和非无菌均质。无菌均质是将均质机放于杀菌后的无菌管路上，这对均质机的密封性能、运行稳定性都有很严格的要求；非无菌均质是将均质机放于杀菌前的非无菌管路上，这对均质机的密封性能要求不很严格，而且生产也较灵活，所以绝大部分工厂采用非无菌均质。

（五）预杀菌

预杀菌大多数时候就是 UHT 灭菌前的巴氏杀菌。巴氏杀菌可有效地提高生产的灵活性，及时杀灭嗜冷菌，避免其繁殖代谢产生的酶类影响产品的保质期。一般预杀菌工艺参数：进料温度≤8℃，杀菌温度控制在 85～90℃、10～15s。

（六）闪蒸

急剧蒸发简称闪蒸，是一种特殊的减压蒸发。将热溶液的压力降到低于溶液温度下的饱和压力，则部分水将在压力降低的瞬间沸腾汽化，就是闪蒸。水在闪蒸汽化时带走的热量，等于溶液从原压下温度降到降压后饱和温度所放出的显热，可以对物料干物质进行标准化。在闪蒸过程中，溶液被浓缩。

常见的闪蒸的具体实施方法是直接把溶液分散喷入低压大空间，使闪蒸瞬间完成。闪蒸设备一般安装于杀菌设备中。闪蒸的最大优点是避免在换热面上生成垢层。闪蒸前料液加热但并没浓缩，因而生垢问题不突出。而在闪蒸中不需加热，是溶液自身放出显热提供蒸发能量，因而不会产生壁面生垢问题。工艺参数：真空度为 0.086MPa，出闪蒸温度为 30～50℃，进闪蒸温度为 85～90℃。

（七）冷却、贮存

在巴氏杀菌机中冷却，冷介质是刚进入杀菌机的低温原料乳，这是一步热回收过程。之后冰水冷却至出料温度＜5℃。进入保温不锈钢奶罐内贮存，温度＜8℃。经过以上处理的乳就可以准备 UHT 灭菌了。

（八）超高温瞬时灭菌

1. UHT 灭菌的温度时间选择

试验表明，在温度＜135℃时，杀菌效应与褐变效应之比变化不大，但当温度＞135℃，杀菌效应比褐变效应增长快很多。在 140℃，杀菌效应比褐变效应速率增长 2000 倍，在 150℃更增加 5000 多倍。而同样的杀菌效果，杀菌温度的提高可以大大减少杀菌时间。经研究，我们得出 UHT 灭菌的温度时间组合：135～137℃、4s。

2. UHT 灭菌工艺的热交换方式

加热系统根据热交换器传热面的不同可分为板式热交换系统和管式热交换系统，某些特殊产品使用刮板式热交换系统。

（1）板式热交换系统　UHT 板式热交换系统（图 3-4）是对板式巴氏杀菌系统的发展，其经过优化板片的组合和形状的设计，可以大大提高传热系数。UHT 板式热交换系统与板式巴氏杀菌热交换系统的主要不同之处在于系统能承受高温（135～150℃）和较高的内压。

（2）管式热交换系统　管式热交换器最大的特点是能承受较高压力，从结构上看管式比板式更适合 UHT 灭菌。但从能耗上来看，管式比板式耗能高。UHT 系统的管式热交换器包括两种类型，即中心套管式热交换器和壳管式热交换器（图 3-5、图 3-6）。

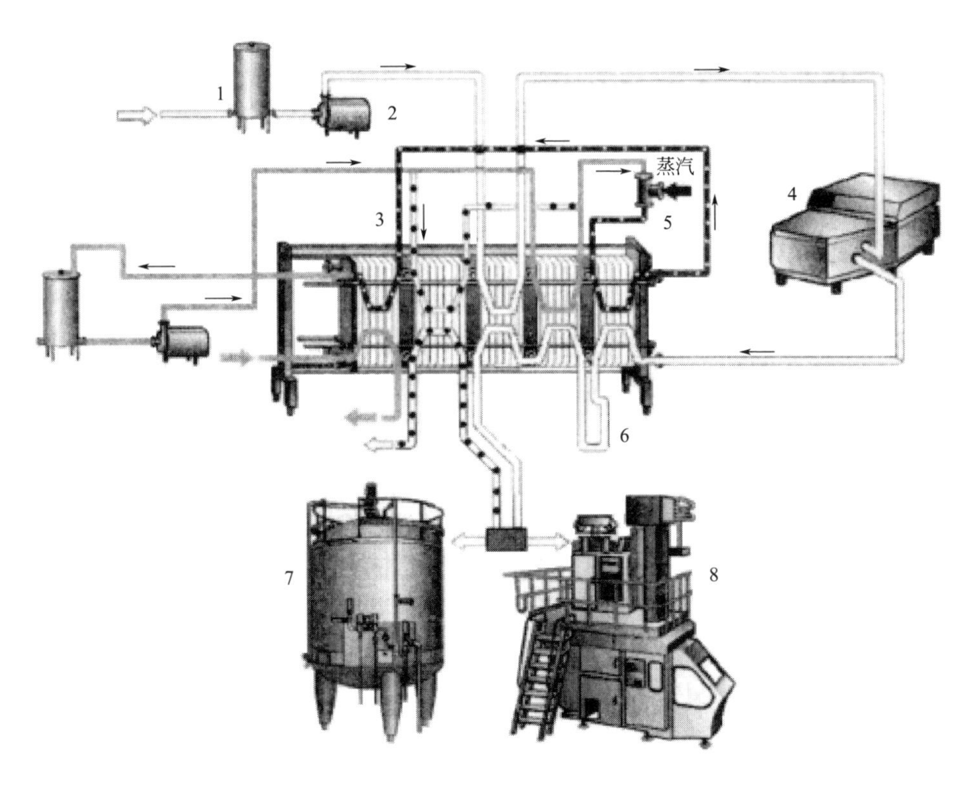

图 3-4　以板式热交换器间接加热的 UHT 系统

1—平衡槽；2—供料泵；3—板式换热器；4—均质机；5—蒸汽喷射头；6—保持管；7—无菌缸；8—无菌灌装图

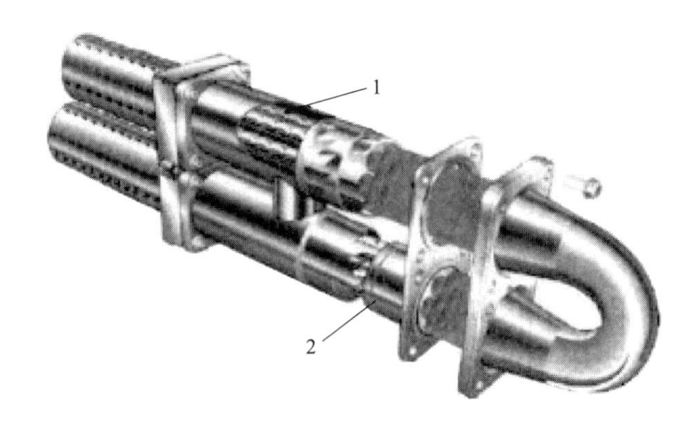

图 3-5　套管式热交换器末端

1—被冷却介质包围的产品管束；2—双 O 型密封

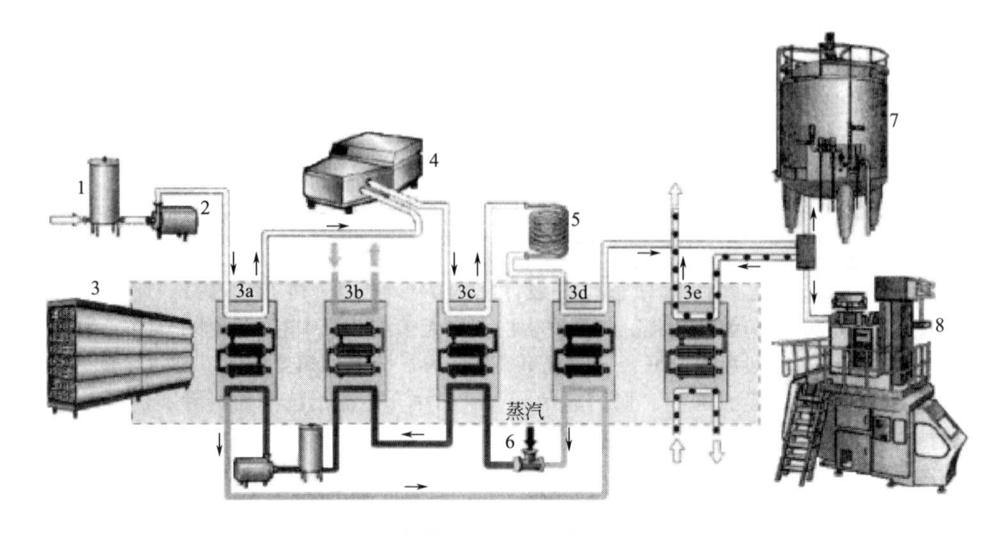

图 3-6 套管式 UHT 灭菌机工艺流程

1—平衡槽；2—供料泵；3—管式换热器（3a—预热段；3b—中间冷却段；3c—加热段；3d—热回收冷却段；3e—启动冷却段）；4—非无菌均质机；5—保持管；6—蒸汽喷射头；7—无菌缸；8—无菌灌装

（3）刮板式热交换系统　刮板式热交换器是通过强制机械对流来提高传热效率的特殊传热设备。由于刮板式热交换器单位传热面积的成本较高，且热回收率与前述加热系统相比较低，因此只用来加热黏度高的产品。

刮板式热交换系统类似管式热交换系统，只是在套管中安装一转轴，转轴上装有一系列的刮板。随着轴的旋转刮板被带动转动，产品在刮板的搅动下不断向前移动，同时产品被均匀加热。

（九）无菌灌装

经 UHT 灭菌后的牛乳可有两种走向：直接进行灌装和放入无菌罐暂存后灌装。大型乳品制造厂 UHT 灭菌乳在灌装之前一般都会有无菌罐进行过渡。

UHT 灭菌乳必须使用无菌灌装才能保证灭菌的效果在保质期内有效。所谓“无菌灌装”是在无菌环境下，把无菌的产品充填到无菌的容器中，并加以密封。无菌灌装是一个过程，基本上由以下三部分构成：一是食品物料的预杀菌即达到商业无菌（UHT 灭菌机中实现），二是包装容器的灭菌，三是灌装环境的无菌（后两步在无菌灌装机中实现）。无菌灌装设备有许多种，根据操作方式、包装形式、灌注系统的不同，常用的主要有以下几种类型：

① 包装材料以卷材形式引入的灌装设备，典型的是瑞典利乐的TBA系列。

② 纸盒预先制好的无菌灌装设备，典型的是德国的康美包装系统。

③ 包装材料以塑料薄膜形式引入的无菌包装机。

④ 现在正在发展中的塑料瓶灌装设备。

（十）贴吸管、装箱、入库

牛乳经过无菌灌装，就进入一个密闭的微生物隔绝的稳定环境中，可以保证有效保质期内牛乳的理化和卫生指标符合要求。剩下的工作就是要满足销售和消费的方便。

贴吸管、装箱和入库这一过程统称为后工序。随着UHT灭菌乳生产线的完善，如今后工序已完全实现机械化作业，大大降低了劳动强度。贴吸管是用贴管机完成的，装箱使用纸板包装机和收缩膜机完成，码垛堆积系统可将成箱的产品码垛堆积，自动输送链条将堆积好的产品送入立体成品库。

（十一）保温实验

所有要求商业无菌的产品都应该进行保温实验。保温实验是将产品在微生物最适生长温度下保持一定的时间之后进行各项检验。

UHT灭菌乳属于低酸性罐头食品，保温实验条件温度为36℃±1℃，时间为10天。经保温之后的样品首先进行外观鉴定，观察是否有胀包现象；之后在无菌室中进行普通琼脂培养基接种培养；之后用pH计对所有样品进行pH测定，观察是否有pH异常突变的样品；最后对样品进行感官、理化鉴定。检验过程要详细记录每一包样品的各项指标，包括生产日期、批次、班次、生产线编号以及以上各检验项目的结果，以便进行分析和追溯。只有经过保温实验合格的产品才能上市。

（十二）出厂分销

所有检验项目合格的产品发往各地分销。

三、质量控制

1. 褐变及焦糖化

新鲜牛乳在灭菌温度过高或时间过长时，会有明显的褐变现象。因此，控制灭菌参数的稳定是预防褐变的主要方法。当无菌灌装设备因任何原因停止灌装时，或牛乳因某种原因在 UHT 灭菌器中反复循环时，会造成牛乳严重褐变。此种情况下应将灭菌器排空后，对换热器及灌装机重新杀菌，待可以灌装后重新进料。

2. 蛋白质凝固包或苦包

① 蛋白质凝固包。开包后在盒底部有凝固物，但牛乳没有苦味或酸味。

② 苦包。开包后牛乳喝时有苦味，一般是贮存一段时间（约 2 个月）后才会出现，并且苦味会随着贮藏时间延长而加重（通常为批量问题）。

以上现象是由于蛋白酶的作用而导致的。原料乳中由于微生物产生的蛋白酶较耐热，其耐热性远远高于耐热芽孢，超高温瞬时灭菌并不能完全将其破坏，残留的蛋白酶在加工后的贮存过程中分解蛋白质，根据蛋白质分解程度的不同，会出现凝块或产生苦味。若蛋白酶分解蛋白质形成带有苦味的短肽链（苦味来源于某些带苦味的氨基酸残基），则产品就带有苦味。

严格执行杀菌制度，最大限度杀灭蛋白酶，可以控制凝固包或苦包的出现。

3. H_2O_2 残留

无菌包装机的灌注对无菌包装机的灌注头一般使用 H_2O_2 杀菌，刚开始 H_2O_2 分解不彻底，产品中会有残留，所以刚生产出的几袋乳是不能留用的，废弃的袋数应根据生产实践来定。

4. 乳脂肪上浮

成品的脂肪上浮一般出现在生产后几天到几个月内，上浮的严重程度一般与贮存及销售的温度有关，温度越高，上浮速度越快，严重时在包装的顶层可达几毫米厚。

原因分析：①均质效果不好；②低温下均质；③过度机械处理；④前处理不当，混入过多空气；⑤原料乳中含过多脂肪酶，超高温灭菌并不能完全破坏脂肪水解酶，有研究表明，经 140℃、5s 的热处理，胞外脂肪酶残留量约为 40%，残留的脂肪酶在贮存期间分解脂肪球膜释放出自由脂肪酸而导致聚合、上浮；⑥饲料喂养不当导致脂肪与蛋白质比例不合适；⑦原料乳中含有过多自由脂肪酸。

控制措施：①提高原料乳质量；②均质设备要在生产前进行检查；③人员要严格按照生产要求进行操作；④进行必要的质量监督。

5. 乳风味的改变

除了微生物、酶及加工引起的风味改变外，还有环境、包装膜等因素引起的乳风味的变化。乳是一种非常容易吸味的物质，如果包装容器隔味效果不好或其本身和环境有异味，乳一般呈现非正常的风味，如包装膜味、汽油味、菜味等。有效的措施就是采用隔味效果好的包装容器，并对储存环境进行良好的通风及定期的清理。

另外，UHT 灭菌乳长时放在阳光下，会加速产生日晒味及脂肪氧化味，因此 UHT 灭菌乳不应该放在太阳直接照射的地方。

第四节 再制乳加工技术

所谓再制乳就是把几种乳制品，主要是脱脂乳粉和无水黄油，经加工制成液态奶。其成分与鲜乳相似，也可以强化各种营养成分。再制乳的生产克服了自然乳业生产的季节性，保证了淡季乳与乳制品的供应，并可调剂缺乳地区对鲜乳的供应。

一、工艺流程

再制乳工艺流程如图 3-7 所示。

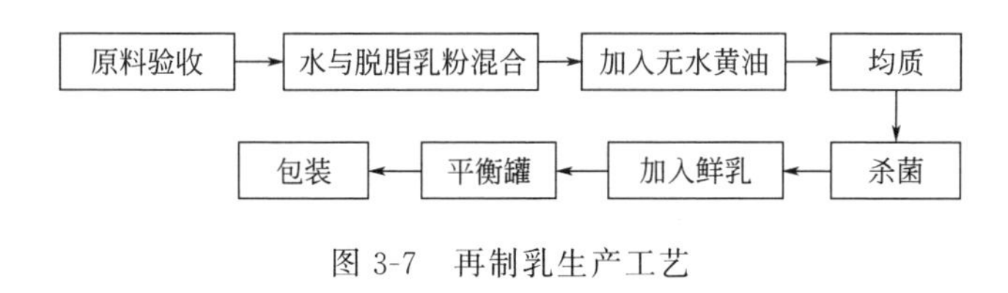

图 3-7 再制乳生产工艺

二、工艺要点

(一) 原料验收

脱脂乳粉和无水黄油是再制乳的主要原料，质量的好坏对成品质量有很大影响，必须严格控制质量，贮存期通常不超过 12 个月。再制乳的风味主要来自脂肪中的挥发性脂肪酸，故必须严格脂肪的质量标准。水是再制乳的溶剂，水质的好坏直接影响再制乳的质量。金属离子（如 Ca^{2+}、Mg^{2+}）高时，影响蛋白质胶体的稳定性，故应使用软化水。

再制乳常用的添加剂有：

1. 乳化剂

再制乳的生产中为补充乳香味，一般需要加入乳化剂，如单甘酯和甘油二酯的复配物，添加量为脂肪量的5%左右；当加入磷脂时，添加量为0.1%即可。

2. 乳化稳定剂

为了改进再制乳的外观、质地和风味，形成黏性溶液，需要添加稳定剂。常用的主要有阿拉伯树胶、果胶、琼脂、海藻酸盐及半人工合成的水解胶体等。

3. 盐类

再制乳中常用的盐类如氯化钙和柠檬酸钠等，起稳定蛋白质的作用。

4. 风味料

为了增加再制乳的奶香味，有时也添加天然和人工合成的香精。

5. 着色剂

在生产再制乳时常用的着色剂有胡萝卜素、安那妥等，可以赋予制品良好的颜色。

（二）水与脱脂乳粉混合

用40～55℃的水溶解脱脂乳粉，在此温度下脱脂乳粉的溶解度最佳。当乳粉刚与水混合时，乳粉颗粒在水中呈悬浊颗粒，只有当乳粉不断分散溶解、吸水润湿后，乳粉才能成为胶体状态分布在水中，这个过程就是水合过程。因此，水与脱脂乳粉混合后，要有一定的水合时间，需要20～30min，这不但能改进成品的外观、口感、风味，还能减少杀菌中的结垢。乳粉在搅拌过程中进入大量空气，易引起巴氏杀菌器的焦化结垢，均质机中产生空穴引起均质困难，增加脂肪氧化的危险等。因此，一般需用脱气机进行真空脱气。

（三）加入无水黄油

将无水黄油在45～50℃下保持24～48h使其完全熔化；或把灌装的乳脂肪浸入80℃的热水中，经过2～3h熔化；还可将桶置于蒸汽通道中，约2h内桶内乳脂肪熔化。熔化好的乳脂肪被送到带有夹层的保温罐中，并保持其温度。随后加入混合罐中，开动搅拌器，使乳脂肪在脱脂乳中分散开来。要注意的是，乳脂肪的加入必须是在脱脂乳水合完成之后。

（四）均质

由于无水黄油在加工过程中失去了脂肪球膜，因此，在还原成再制乳后，虽然经过均质，但由于缺乏膜的保护，脂肪颗粒仍容易再凝聚。因此，要求均质后脂肪球直径为1～2μm。经过均质后，不仅把脂肪分散成了细微颗粒，而且促进了其他成分的溶解水合过程，从而对产品的外观、口感、质地都有很大改善。一般采用两段均质，压力为15～20MPa，温度为65℃。

（五）杀菌

再制乳的生产一般采用巴氏杀菌，通常在72℃下保持15s。在加热中，为了减少加热乳特有的蒸煮味，最好采用低温或中低温加热的乳粉，并进行最低限度的巴氏杀菌。如果需要蒸煮味，可采用高温加热的乳粉，也可提高巴氏杀菌温度。

（六）加入鲜乳

再制乳所用的原料都是经过热处理的，其成分中的蛋白质及各种芳香物质受到一定的影响。因此，常把加工成的再制乳与鲜乳按1∶1混合后制成产品供应市场。鲜乳必须先经过杀菌，也可以在混合后再进行杀菌处理。

（七）平衡罐

再制乳的生产通常直接从生产线到包装线，但为了防止在生产线或包装线上突然停机，生产线上需要缓冲罐即平衡罐。如果是灭菌乳，这一缓冲罐必须是无菌罐，以避免二次污染。

（八）包装

再制乳的包装必须非常严密，以防止其氧化，包装材料也应该有足够强度，能在板条箱、低箱或纸箱中堆垛。

第五节 含乳饮料加工技术

含乳饮料又称乳饮料、乳饮品，是以乳或乳制品为原料，加入水及适量辅料经配制或发酵而成的饮料制品。在GB/T 21732—2008中，将含乳饮料分为配制型含乳饮料、发酵型含乳饮料和乳酸菌饮料，本节主要介绍配制型含乳饮料。

配制型含乳饮料指以乳或乳制品为原料，加入水、白砂糖和（或）甜味剂、酸味剂、果汁、茶、咖啡、植物提取液等一种或几种成分调制而成的饮料。根据国家标准，配制型含乳饮料中的蛋白质含量应大于1%。

配制型含乳饮料通常分为两类，即配制型中性含乳饮料和配制型酸性含乳饮料。

一、配制型中性含乳饮料加工

市场上常见的配制型中性含乳饮料有草莓乳、香草乳、巧克力乳、咖啡乳等产品，除添加改变口味的香精外，有的还添加果葡糖浆、果糖等甜味剂，以及维生素、各种氨基酸、矿物元素、功能性低聚糖、膳食纤维、二十碳四烯酸（ARA）、二十二碳六烯酸（DHA）、酪蛋白磷酸肽（CPP）、牛磺酸、卵磷脂等功能性配料，这形成了市面上多种多样的含乳饮料。

（一）配制型中性含乳饮料工艺流程

配制型中性含乳饮料工艺流程如图3-8所示。

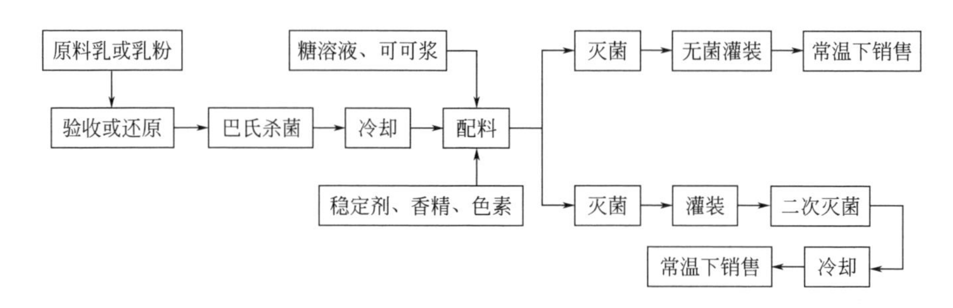

图3-8 配制型中性含乳饮料加工工艺流程

（二）操作要点

1. 原料乳的验收或乳粉的还原

如果用乳粉做原料，当乳粉刚与水混合时，乳粉颗粒在水中呈悬浊颗粒，只有当乳粉不断分散溶解，吸水膨润之后，乳粉才能成为胶体状态分布于水中。

一般首先将水加热到50～60℃，然后通过乳粉还原设备对乳粉进行还原。待乳粉完全溶解后，停止罐内的搅拌器，让乳粉在50～60℃下的水中充分还原30min以上。

2. 巴氏杀菌

生乳验收或乳粉还原后，进行预热杀菌，并将乳液冷至4℃。这样做的好处是：一旦后面的加工过程出现问题，原料乳在此温度下仍可贮存一夜后于第二天再加工。若不进行预热杀菌和冷却，就会造成原料的巨大浪费。

3. 糖的处理

先将糖溶解于热水中，然后煮沸15～20min，再经过滤后加到原料乳中。

4. 可可粉的预处理

可可粉中含有大量的芽孢，同时，可可粉是不溶于水的固体颗粒，因此为保证灭菌效果和改善产品的口感，可可粉须先溶于水中，通过胶体磨，制成可可浆，并经85～95℃，20～30min热处理后，冷却，然后加到牛乳中。

5. 加稳定剂、香精和色素

乳饮料必须使用稳定剂，否则会发生分层、脂肪上浮、絮状沉淀等情况，稳定剂的溶解方法一般为：

① 在高速搅拌（2500～3000r/min）下，将稳定剂缓慢地加入冷水中溶解、分散或将稳定剂溶于80℃左右的热水中；

② 将稳定剂与其质量5～10倍的原料糖干混均匀，然后在正常的搅拌速度下加到80～90℃的热水中溶解；

③ 将稳定剂在搅拌下加到饱和糖溶液中。

卡拉胶是悬浮可可粉颗粒的最佳稳定剂，这是因为一方面它能与牛乳蛋白结合形成网状结构，另一方面它能形成凝胶。

由于不同的香精对热的敏感程度不同，因此若采用二次灭菌，所使用的香精和色素应耐121℃温度；若采用超高温灭菌，所使用的香精和色素应耐137～140℃的高温。

将所有的原辅料加到配料缸中，低速搅拌15～25min，以保证所有的物料混合均匀，尤其是稳定剂能均匀地分散于乳中。

6. 灭菌

可可（或巧克力）风味含乳饮料的灭菌强度较一般风味含乳饮料要强，常采用139～142℃，4s进行灭菌。

7. 冷却包装

灭菌后应迅速将产品冷至25℃以下，进行包装。

二、配制型酸性含乳饮料加工

配制型酸性含乳饮料是指以原料乳或乳粉、糖、稳定剂、香精、色素等为原料，用乳酸、柠檬酸或果汁将牛乳的pH调整到酪蛋白的等电点（pH 4.6）以下（一般为pH 3.7～4.2）而制成的一种含乳饮料。目前市场常见的有果味奶、果汁奶和果粒奶，如酸酸乳、优酸乳等。

（一）配制型酸性含乳饮料工艺流程

配制型酸性含乳饮料工艺流程如图3-9所示。

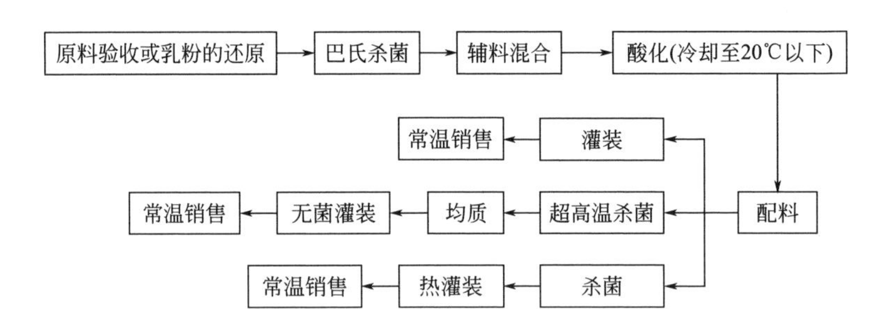

图3-9　配制型酸性含乳饮料加工工艺流程

（二）操作要点

1. 乳粉的还原

乳粉在高温下的溶解还原不易控制，很难达到理想的酸化过程。因此，在还原过程中应用大约一半的水量来溶解乳粉，在保证乳粉能良好还原的前提下水温应尽可能低。

2. 巴氏杀菌

巴氏杀菌见本节配制型中性含乳饮料加工过程中的操作要点。

3. 稳定剂的溶解

稳定剂的溶解见本节配制型中性含乳饮料加工过程中的操作要点。

4. 辅料混合

将稳定剂溶液、糖浆等加入巴氏杀菌乳中，混合均匀后，冷却至20℃以下。

5. 酸化

酸化是配制型酸性含乳饮料生产中最关键的步骤，为得到最佳的酸化效果，酸化前应将物料的温度降至20℃以下；混料罐应配置高速搅拌器（2500～3000r/min），同时酸应缓慢加到配料罐内湍流区域，以保证酸液能迅速、均匀地分散于物料中；有条件可将酸液薄薄地喷洒到牛乳的表面，同时剧烈搅拌，以保证牛乳的界面能不断更新，从而得到较缓和的酸化效果；为易于控制酸化过程，在使用前应先将酸液稀释成10%～20%的溶液，还可在酸液中加入一些缓冲剂（如柠檬酸钠），以避免局部过酸；在升温及均质前，应先将牛乳的pH调至4.0以下，以保证酪蛋白颗粒的稳定性。

6. 配料

酸化过程结束后，将香精、色素等配料加到酸化的牛乳中，同时对产品进行标准化。

7. 杀菌

由于调配型酸性含乳饮料的pH一般在3.7～4.2，因此它属于高酸食品，其杀灭的对象菌主要为霉菌和酵母。故采用高温短时的巴氏杀菌就可实现商业无菌。理论上来说，用95℃、30s的杀菌条件即可，但考虑到各个工厂的卫生状况及操作条件的不同，大部分工厂对无菌包装的产品采用105～115℃、15～30min的杀菌。对包装于塑料瓶中的产品来说，通常在灌装后再采用95～98℃、20～30min杀菌。杀菌设备中一般都有脱气和均质处理装置，常用的均质压力为20MPa和5MPa。

三、含乳饮料的质量控制

（一）原料乳质量

原料乳的蛋白质稳定性差，将直接影响到灭菌设备的运转和产品的保质期，使灭菌设备容易结垢，清洗次数增多，停机频繁，从而导致设备连续运转时间缩短、耗能增加及设备利用率降低；若原料乳中的嗜冷菌数量过高，那么在储藏过程中，这些细菌会产生非常耐热的酶类，灭菌后仍有少量残余，从而导致产品在储藏过程中组织状态发生变化。

（二）香精、色素质量

对于超高温灭菌产品来说，若选用不耐高温的香精和色素，生产出来的产品风味很差，而且可能影响产品应有颜色。

（三）稳定剂的种类和质量

配制型酸性含乳饮料最适宜的稳定剂是果胶或与其他稳定剂的混合物，如耐酸的羧甲基纤维素（CMC）、黄原胶和海藻酸丙二醇酯（PGA）等。在实际生产中，二种或三种稳定剂混合使用比单一使用效果好，使用量根据酸度、蛋白质含量的增加而增加。

（四）水的质量

若配料使用的水碱度过高，会影响饮料的口感，也易造成蛋白质沉淀分层。

（五）酸的种类

配制型酸性含乳饮料可使用柠檬酸、苹果酸和乳酸作为酸味料，且以用乳酸生产出的产品质量最佳。

（六）沉淀及分层

1. 选用的稳定剂不合适

解决措施是采用果胶或与其他稳定剂复配使用，一般用纯果胶时，用量0.35%～0.60%。

2. 酸液浓度过高

调酸时，若酸液浓度过高，就很难保证在局部牛乳与酸液能很好地混合，从而使局部酸度偏差太大，导致局部蛋白质沉淀。解决措施是，将酸稀释为10%或20%的溶液，同时也可在酸化前，将一些缓冲盐类如柠檬酸钠等加到酸液中。

3. 调配罐内搅拌器的搅拌速度过低

搅拌速度过低，就很难保证整个酸化过程中酸液与牛乳均匀混合，从而导致局部 pH 值过低，产生蛋白质沉淀。

4. 调酸过程加酸过快

加酸过快可导致局部牛乳与酸液混合不均匀，从而使形成的酪蛋白颗粒过大，且大小分布不均匀，整个调酸过程加酸速度不宜过快。

（七）产品口感过于稀薄

如果产品喝起来感觉像淡水一样，原因是乳粉的热处理不当，或最终产品的总固形物含量过低，或对配料终点的把握不准。

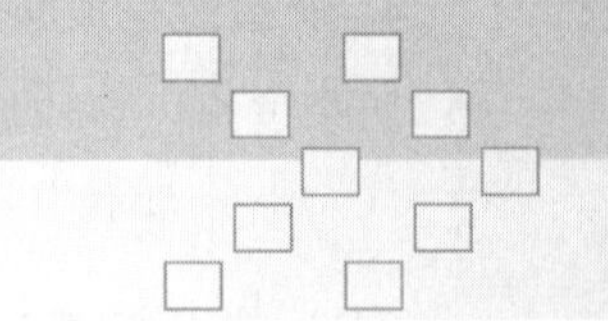

第四章 发酵乳加工技术

第一节 概 述

发酵乳制品是指乳在发酵剂（特定菌）的作用下发酵而成的乳制品，包括酸乳、活性乳饮料、开菲尔奶、奶油、奶酒（以马奶为主）、发酵酪乳、干酪等。

发酵乳制品的生理功能主要有：

① 抑制肠道内腐败菌的生长繁殖，对便秘和细菌性腹泻具有预防治疗作用；

② 乳酸中产生的有机酸可促进胃肠蠕动和胃液的分泌；

③ 饮用酸乳可缓解乳糖不耐症；

④ 乳酸可降低胆固醇，预防心血管疾病；

⑤ 发酵过程中乳酸菌产生抗诱变化合物活性物质，具有抑制肿瘤发生的可能，提高人体的免疫力的功能；

⑥ 对预防和治疗糖尿病、肝病有效果。

第二节 发酵剂菌种

生产发酵乳制品时所采用的特定微生物的培养物被称作发酵剂，其主要作用是：分解乳糖产生乳酸；产生风味物质，如丁二酮、乙醛等，从而使酸乳具有典型的风味；具有降解脂肪和蛋白质的作用，从而使酸乳利于消化吸收；酸化过程抑制了致病菌的生长。

一、发酵剂的种类

（一）按发酵剂制备过程分类

1. 乳酸菌纯培养物

即一级菌种的培养，一般多接种在脱脂乳、乳清、肉汁或其他培养基中，或者用冷冻升华法制成一种冻干菌苗。

2. 母发酵剂

即一级菌种的扩大再培养，它是生产发酵剂的基础。

3. 中间发酵剂

为了工业化生产的需要，母发酵剂的量不足以满足生产工作发酵剂的要求，因此还需经 1～2 步逐级扩大培养，这个中间过程的发酵剂称为中间发酵剂。

4. 生产发酵剂

生产发酵剂即母发酵剂的扩大培养，是用于实际生产的发酵剂。

（二）按使用目的分类

1. 混合发酵剂

这一类型的发酵剂含有两种或两种以上的菌，如保加利亚乳杆菌和嗜热链球菌按 1∶1 或 1∶2 比例混合的酸乳发酵剂，且两种菌比例的改变越小越好。

2. 单一发酵剂

这一类发酵剂生产时一般是将每一种菌株单独活化，生产时再将各菌株混合在一起。

3. 补充发酵剂

为增加酸乳的黏稠度、风味和提高产品的功能性，可将下列菌株单独培养或混合培养后加入乳中：①产黏发酵剂；②产香发酵剂；③嗜酸乳杆菌；④干酪乳杆菌；⑤双歧杆菌。

（三）按物理状态分类

发酵剂在生产、分发时，有液态、粉状（或颗粒状）及冷冻状三种形式。

1. 液态发酵剂

液态发酵剂中的母发酵剂、中间发酵剂一般由乳品厂化验室制备，而生产用的工作发酵剂由专门发酵剂室或酸奶车间生产。所用培养基为脱脂奶粉，一般控制干物质含量稍高，必要时可添加生产促进因子。对于工作发酵剂的培养基必要时也可使用原料乳。

2. 粉状（或颗粒状）发酵剂

粉状发酵剂是用培养到最大乳酸菌数的液体发酵剂通过冷冻干燥而制得的。冷冻干燥在真空下进行，能够最大限度地减少对乳酸菌的破坏。冷冻干燥发酵剂一般在使用前再接种制成母发酵剂，而使用浓缩冷冻干燥发酵剂时，可将其直接制备成工作发酵剂，无须中间的扩培过程。

3. 冷冻发酵剂

冷冻发酵剂是用乳酸菌生长活力最高点时的液态发酵剂通过冷冻浓缩而制成的，包装后放入液氮罐中。浓缩发酵剂单个滴在液氮罐中由于冷冻作用而形成片状，然后保存在－196℃液氮中。

二、发酵剂的主要作用

发酵乳制品生产过程中，发酵剂主要发挥以下作用：分解乳糖产生乳酸；产生挥发性的物质，如丁二酮、乙醛等，从而使酸乳具有典型的风味；具有一定的降解脂肪、蛋白质的作用，从而使酸乳更利于消化吸收；酸化过程抑制了致病菌的生长。

三、发酵剂的选择和制备

（一）发酵剂的选择

菌种的选择对发酵剂的质量起着重要作用，应根据生产目的不同选择适当的菌种。选择发酵剂应从以下几方面考虑：

1. 酸生成能力和后酸化

（1）酸生成能力

① 酸生长曲线。不同的发酵剂其产酸能力不同，在同样的条件下可得发酵酸度随时间的变化关系，从而得出酸生长曲线，从中可得知哪一种发酵剂产酸能力强。

② 酸度检测。测定酸度也是检测发酵剂产酸能力的方法，实际上也是常用的活力测定方法，活力就是在给定的时间内，发酵过程酸的生成率。

③ 选择参数。产酸能力强的酸乳发酵剂通常在发酵过程中导致过度酸化和强的酸化过程（在冷却和冷藏时继续产酸），在生产中一般选择产酸能力弱或中等的发酵剂。

（2）后酸化　后酸化过程应考虑从发酵终点（42℃）冷却到19℃或20℃时酸度的增加，从19℃或20℃冷却到10℃或12℃时酸度的增加，在0～6℃冷库中酸度的增加。

2. 滋味、气味和芳香味的产生

优质的酸乳必须具有良好的滋味、气味和芳香味，为此，选择产生滋味、气味和芳味满意的发酵剂是很重要的，一般酸乳发酵剂产生的芳香物质有乙醛、丁二酮和挥发性酸。

3. 黏性物质的产生

若发酵剂在发酵过程中产黏，将有助于改善乳酸的状态和黏稠度，这一点在乳酸干物质含量不太高时更显得重要。在生产中，若正常使用的发酵剂突然产黏，则可能是发酵剂变异所致。也可购买产黏的发酵剂，但一般情况下，产黏发酵剂发酵的产品风味都稍差些。所以在选择时最好将产黏发酵剂作补充发酵剂来用。

4. 蛋白质的水解性

酸乳发酵剂中嗜热链球菌在乳中表现出很弱的蛋白质水解性，而保加利亚乳杆菌表现出很高的活力，能将蛋白质水解为游离氨基酸和多肽。

（二）发酵剂的制备

目前，发酵剂的制备有两种方法，一种是发酵剂的扩大培养，即按照商品发酵剂→母发酵剂→中间发酵剂→工作发酵剂的过程；另一种是直接用直投式发酵剂作为工作发酵剂。

1. 发酵剂的扩大培养制备工艺

（1）工艺流程

发酵剂扩大培养工艺流程如图4-1所示。

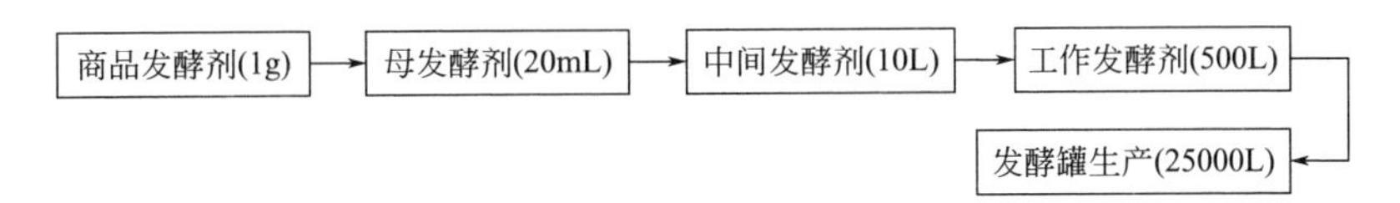

图4-1　发酵剂扩大培养工艺流程

(2) 操作要点

发酵剂制作步骤如图 4-2 所示。

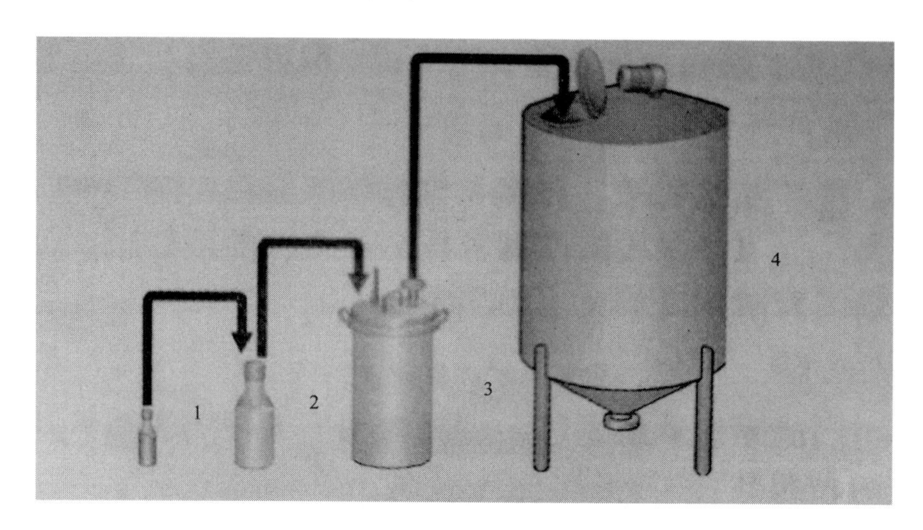

图 4-2 发酵剂的制作过程

1—商业菌种；2—母发酵剂；3—中间发酵剂；4—生产发酵剂

① 母发酵剂、中间发酵剂的制作。用灭菌吸管吸取适量的活化菌种纯培养物，按 2%～5%的比例接种到培养基中，混合均匀，按所需温度培养，待培养物各项指标（凝乳情况、酸度等）符合该菌种发酵指标时，移植到新的培养基中同样培养。如此反复 2～3 次，若培养物发酵活力和数量符合要求，即为母发酵剂。

母发酵剂制作间最好有经过过滤（除尘、除菌）的正压空气，操作前要用 400～800mg/L 的次氯酸钠溶液喷雾杀菌，每次接种时容器口端最好用 200mg/L 的次氯酸钠溶液浸湿的干净纱布擦拭杀菌，防止杂菌、噬菌体的污染。

母发酵剂一次制备后可于 0～6℃冰箱中保存。对于混合菌种，每周活化一次即可。冷藏的母发酵剂应定期更换，否则再活化有被污染的危险。

② 中间发酵剂的制作。母发酵剂经扩大培养即为中间发酵剂。

③ 生产发酵剂（工作发酵剂）的制作。将一定数量（占该批发酵乳产品总量的 5%左右）的生产发酵剂培养基装入生产发酵剂的容器中，接种 2%～5%的中间发酵剂，混合均匀，按所需温度培养，待培养物各项指标（凝乳情况、酸度等）达到该菌种发酵指标时即可取出冷藏备用。

生产发酵剂培养基最好与成品原料相同。生产发酵剂制作间要有良好的卫生条件，最好与生产加工车间隔离并安装换气设备。及时杀灭环境中的微生物，每天要喷雾 200mg/L 的次氯酸钠溶液，工作人员在操作前要用 100～150mg/L 的次氯酸钠溶液洗手杀菌。

2. 直投式酸乳发酵剂的制备

直投式酸乳发酵剂是指不需要经过活化、扩培而直接应用于生产的一类新型发酵剂。与传统发酵剂（普通液体发酵剂）相比，直投式发酵剂活菌含量高（10^{10}～10^{12}cfu/g），菌种活力强，菌株比例适宜，保质期长，接种方便，能够直接、安全有效地进行发酵乳制品的生产，减少菌种退化和污染环节，大大提高劳动生产率和产品质量。

（1）工艺流程　直投式酸乳发酵剂制备的工艺流程如图 4-3 所示。

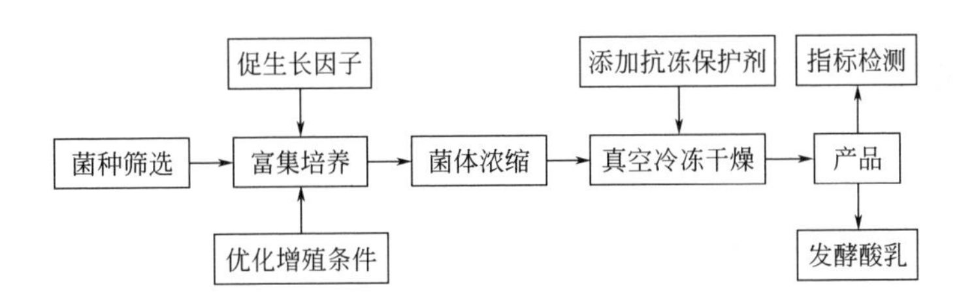

图 4-3　直投式酸乳发酵剂制备工艺流程

（2）工艺要点

① 菌种的选择。乳酸菌发酵剂的传统构成菌是由嗜热链球菌、保加利亚乳杆菌组成的。为了改善风味，提高保健作用，也可以在传统构成菌的基础上添加嗜酸乳杆菌、双歧杆菌、明串珠菌、丁二酮乳链球菌等，制成现代新型的酸乳制品。根据发酵乳菌种要求选择出最佳菌种组合，进一步进行菌种的大量富集培养。

② 培养基及促生长因子的选择。以脱脂乳为基础培养基，添加其他促生长因子或缓冲盐类等制成乳酸菌生长培养基。提供碳源能量物质主要包括乳糖、麦芽糖、蔗糖、葡萄糖、乳清粉等；提供氮源物质主要包括脱脂乳粉、酪蛋白水解物、乳清蛋白水解物、肝脏浸提物等；提供维生素和矿物质成分则常使用酵母粉和 B 族维生素等。此外还可以添加一些还原剂，如维生素 C；也添加抑制噬菌体物质，如磷酸盐和柠檬酸盐类。

③ 菌体富集培养。恒定 pH 培养法：使用间歇式或连续式发酵罐培养乳酸菌，不断调整 pH，使培养液 pH 维持在 5.5～6.0，延长培养时间，获得活菌数较高的培养液。但此方法对乳酸菌形态有一定影响，且不易进行分离浓集菌体细胞，所以实际生产上很少单独使用。

膜渗析法：一种较先进的方法，利用膜的选择性，将培养液与营养液进行成分交换，使培养液中的乳酸部分渗出，营养液中的有效成分渗入培养液中，维持乳酸菌细胞生长繁殖。该培养方法可以使培养液中乳酸菌细胞浓度达到10^{11}cfu/g以上，不需要离心浓集。

超滤法：在一个能连续搅拌的发酵罐上连接一个超滤装置，进行乳酸菌培养时不断用超滤的方法移去代谢产物，在不用添加营养的情况下实现乳酸菌的长时间培养。该方法可以使乳酸菌的活菌数比传统培养法提高9倍以上。

④ 菌体细胞的分离浓缩。菌体细胞的分离浓缩主要有离心法和超滤法。在离心过程中，部分菌体因机械作用导致细胞死亡，部分菌体细胞残留在上清液中流失，所以离心工艺掌握不当，活菌收率低，发酵剂活菌量下降。超滤法很少造成菌体细胞死亡和流失，但设备较昂贵，操作较复杂。

⑤ 真空冷冻干燥。用真空冷冻干燥的方法处理菌种。对低温较敏感的菌体细胞（如保加利亚乳杆菌）要提高菌体细胞抗冻干能力，主要方法是在冻干处理时添加冻干保护剂（脱脂乳粉、海藻糖、甘油等），或在富集培养时使用强化剂（如吐温80、油酸、钙离子等）。

四、发酵剂的质量要求

① 凝块应有适当的硬度，均匀而细滑，富有弹性，组织状态均匀一致，表面光滑，无龟裂，无皱纹，未产生气泡及乳清分离等现象。

② 具有优良的风味，不得有腐败味、苦味、饲料味和酵母味等异味。

③ 若将凝块完全粉碎后，质地均匀，细腻滑润，略带黏性，不含块状物。

④ 按规定方法接种后，在规定时间内产生凝固，无延长凝固的现象。测定活力（酸度）时符合规定指标要求。为了不影响生产，发酵剂要提前制备，可在低温条件下短时间贮藏。

第三节　酸乳制品加工工艺

一、酸乳制品概述

酸乳是指在添加（或不添加）乳粉（或脱脂乳粉）的乳中，由于保加利亚杆菌和嗜热链球菌的作用进行乳酸发酵制成的凝乳状产品，成品中必须含有大量相应的活菌。按成品的组织状态分为凝固型酸乳和搅拌型酸乳。

凝固型酸乳是指发酵过程在包装容器中进行，从而使成品因发酵而保留其凝乳状态。

搅拌型酸乳是指成品先发酵后灌装而得，发酵后的凝乳已在灌装前和灌装过程中搅拌而成黏稠状组织状态。

二、凝固型酸乳加工

（一）工艺流程

凝固型酸乳加工工艺流程如图 4-4 所示。

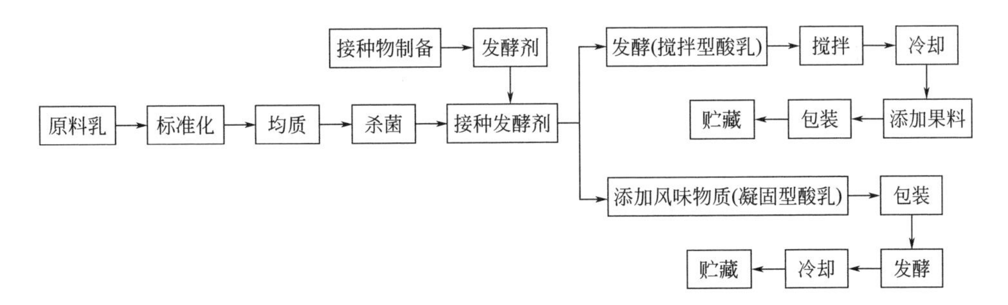

图 4-4　凝固型酸乳及搅拌型酸乳加工工艺

（二）工艺要点

1. 原料乳的质量要求

用于加工酸乳的原料乳必须是高质量的，要求酸度在 18°T 以下，杂菌数不高于 500000cfu/mL，乳中全乳固体不得低于 11.5%。患乳房炎的鲜乳及残留抗生素、清洗剂、有效氯等杀菌物质的乳不能用于酸乳生产。

2. 酸乳加工中使用的其他原辅料

（1）脱脂乳粉　用于制作发酵乳的脱脂乳粉要求质量高，无抗生素和防腐剂。脱脂乳粉可提高干物质含量，改善产品组织状态，促进乳酸菌产酸，一般添加量为 1%～1.5%。

（2）稳定剂　在酸乳加工中，通常添加明胶、果胶、CMC-Na 和琼脂等稳定剂，其添加量应控制在 0.1%～0.5%。

（3）糖及果料　在酸乳加工中，常添加 6%～9%的蔗糖或葡萄糖。

3. 乳的标准化

(1) 直接加混原料成分　通过在原料乳中直接加混全脂或脱脂乳粉或强化原料乳中的乳成分（如加入乳清粉、酪蛋白粉、奶油、浓缩乳等）来达到原料乳标准化的目的。

(2) 浓缩原料乳　原料乳通过蒸发浓缩、反渗透浓缩或超滤浓缩的方法进行浓缩。

(3) 复原乳　由于乳源条件的限制，以脱脂乳粉、全脂乳粉、无水奶油等为原料，根据所需原料乳的化学组成，用水来配制成标准原料乳。

4. 预热均质

均质压力一般为20～25MPa，温度为50～60℃。

5. 杀菌、冷却

杀菌条件一般为90～95℃、5min。杀菌后快速冷却到45℃左右，接种发酵剂。

6. 接种

发酵剂产酸活力在0.7%～1.0%，接种量应为2%～4%。加入的发酵剂应事先在无菌操作条件下搅拌成均匀细腻的状态，不应有大凝块，以免影响成品质量。

7. 灌装

可根据市场需要选择玻璃瓶或塑料杯等容器，在灌装前需对容器进行清洗和灭菌。

8. 发酵

使用保加利亚乳杆菌与嗜热链球菌的混合发酵剂时，温度保持在42～45℃，培养3～4h，乳液变黏稠，凝固成鸡蛋羹状，pH低于4.6，酸度达到70°T以上即可终止发酵。发酵时注意避免震动，否则会影响组织状态。发酵温度恒定，避免温度波动。掌握好发酵时间，防止酸度不够或过度以及乳清析出。

9. 冷藏、后熟

酸乳终止发酵后立即移入0～4℃的冷库中，迅速抑制乳酸菌的生长，以免继续发酵而造成酸度升高。在冷藏期间，酸度仍会有所上升，同时风味成分双乙酰含量会增加。发酵凝固后须在0～4℃贮藏24h后再出售，通常把该过程称为后熟，一般最大冷藏期为7～14天。

图 4-5 为凝固型酸乳加工生产线示意图。

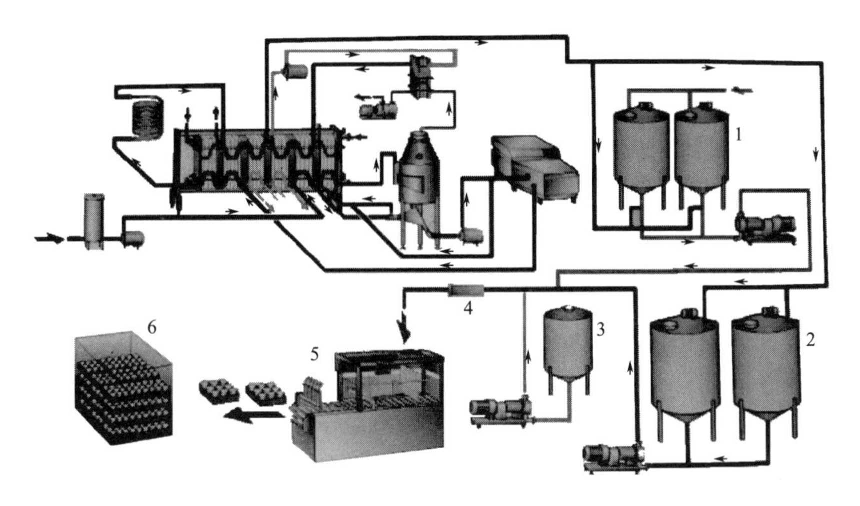

图 4-5 凝固型酸乳的生产线示意图

1—生产发酵剂罐；2—缓冲罐；3—香精罐；4—混合罐器；5—包装；6—培养

三、搅拌型酸乳加工

（一）工艺流程

搅拌型酸乳加工工艺流程如图 4-4 所示。

（二）工艺要点

搅拌型酸乳的加工工艺及技术要求基本与凝固型酸乳相同，只是搅拌型酸乳多了一道搅拌工艺，下面只对与凝固型酸乳的不同点加以说明。

1. 发酵

搅拌型酸乳的发酵是在发酵罐中进行的，应控制好发酵罐的温度，避免波动。发酵罐上部和下部温差不要超过 1.5℃。若是接种 2.5%～3.0%的普通发酵剂，培养温度为 42～43℃，经 2.5～3.0h，达到理想 pH 即终止发酵；若是使用直投发酵剂，在 43℃下发酵 4～6h 即可。

2. 冷却、搅拌破乳

发酵罐中酸乳终止发酵后应降温冷却、搅拌破乳。一般在 30min 内从 42～43℃冷却至 15～22℃，混入稳定剂及果料或香味剂，搅拌灌装，再冷却至10℃以下。冷却的目的是快速抑制乳酸菌的生长和酶的活性，以防止发酵过程产酸过度及搅拌时脱水。冷却在酸乳完全凝固（pH 4.6～4.7）后开始，冷却过程应稳定进行，冷却过快将造成凝块收缩迅速，导致乳清分离；冷却过慢则会造成产品过酸和添加的果料脱色。

搅拌破乳是通过机械力破碎酸乳凝胶体，使凝胶体的粒子直径达到0.01～0.04mm，并使酸乳的硬度和黏度及组织状态发生变化，这是一道重要的工序。

（1）搅拌的方法　机械搅拌使用宽叶片搅拌器，搅拌过程中应注意既不可过于激烈，又不可搅拌过长时间。通常搅拌开始用低速，以后用较快的速度。

（2）搅拌时的质量控制

① 温度：搅拌的最适温度为0～7℃，但在实际加工中使40℃的发酵乳降到0～7℃不太容易，所以搅拌时的温度以20～25℃为宜。

② pH：pH在4.7以下时进行搅拌，否则酸乳凝固不完全、黏性不足而影响其质量。

③ 干物质：较高的乳干物质含量对搅拌型酸乳防止乳清分离能起到较好的作用。

④ 管道流速和直径：凝胶体在经管道输送过程中应以低于0.5m/s的层流形式出现，管道直径应避免管道直径突然变小，否则影响黏度。

3. 混合、灌装

间隙混料法是在罐中将酸乳与杀菌的果料等物质混匀再包装；连续混料法应确定包装量和包装形式及灌装机，果蔬、果酱和各种类型的调香物质等可在酸乳自缓冲罐到包装机的输送过程中加入，可通过一台变速的计量泵连续加到酸乳中。

在果料处理中，注意杀菌工艺，对带固体颗粒的水果或浆果进行巴氏杀菌，其杀菌温度应控制在能抑制一切有生长能力的细菌，而又不影响果料的风味和质地的范围内。

4. 冷却、后熟

将灌装好的酸乳于0～7℃冷库中冷藏24h进行后熟，进一步促使芳香物质的产生和黏稠度的改善。

图4-6为搅拌型酸乳的生产线示意图。

四、奶酒加工

奶酒是以乳或乳制品（如鲜乳、脱脂乳、乳清等）为原料经发酵加工制成

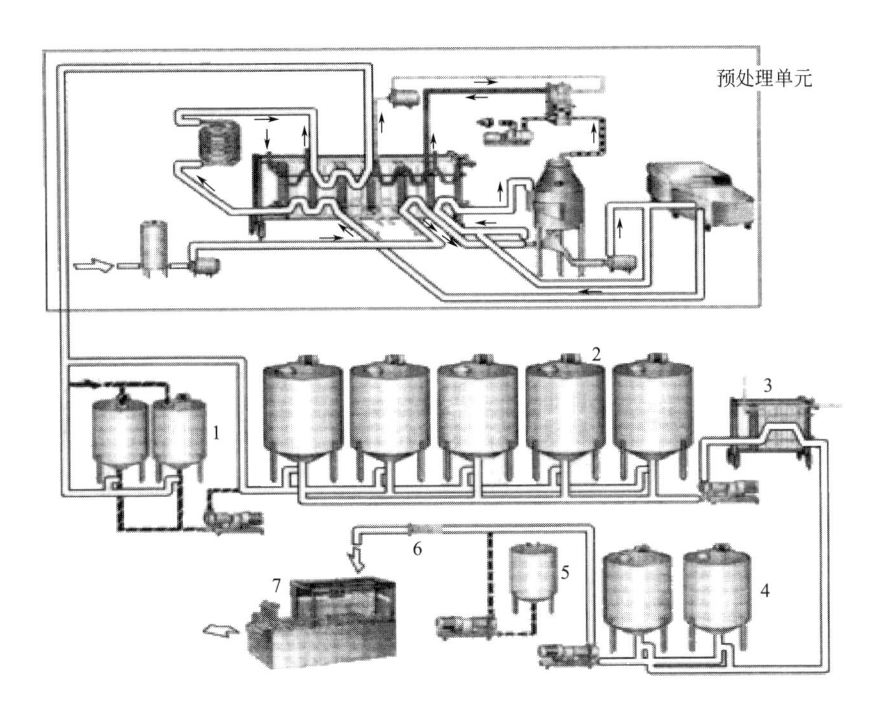

图 4-6 搅拌型酸乳的生产线

1—生产发酵剂罐；2—发酵罐；3—片式冷却器；4—缓冲罐；5—果料/香料；6—混合器；7—包装

的。目前市场上流行的各种奶酒可分为四大类型，即蒸馏型奶酒、发酵型奶酒（酸马奶酒、开菲尔奶等）、发酵型乳清奶酒、勾兑型奶酒。我们主要介绍发酵型奶酒。

（一）开菲尔奶（酸牛奶酒）

开菲尔奶起源于高加索地区，是以牛乳为主要原料，添加含有乳酸菌和酵母的粒状发酵剂（开菲尔粒），经过发酵而生成的具有爽快的酸味和起泡性的酒精型保健乳饮料。

1. 工艺流程

开菲尔奶生产工艺流程如图 4-7 所示。

2. 工艺要点

（1）原料乳　开菲尔奶的原料乳可以是牛乳、山羊乳或绵羊乳。和其他发酵乳制品一样，原料乳的质量十分重要，它不能含有抗生素和其他杀菌剂，乳

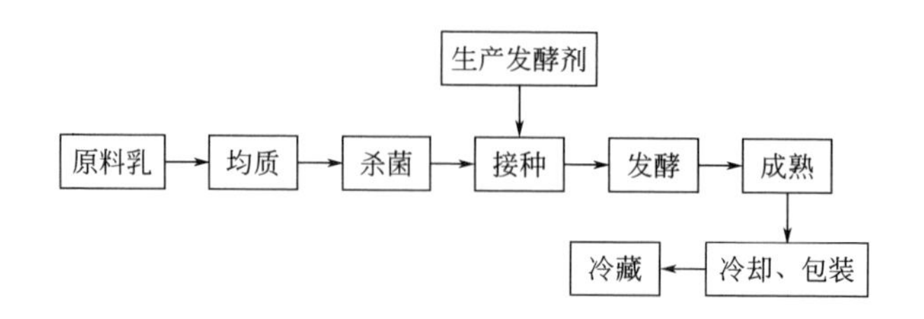

图 4-7 开菲尔奶生产工艺流程

脂含量 2.5%～3.5%，或用全脂乳。

(2) 均质 牛乳在 65～70℃、17.5～20MPa 条件下进行均质。

(3) 杀菌 杀菌条件为 90～95℃，5min。

(4) 发酵剂

生产开菲尔奶的特殊发酵剂是开菲尔粒，它呈淡黄色，外形如小菜花，直径为 15～20mm，形状不规则，是由蛋白质、多糖和几种产酸、产香、产醇微生物形成的混合菌块。开菲尔粒中菌相比任何其他发酵剂发酵液中的菌相都要复杂，既包括乳酸菌，又含有酵母菌和醋酸菌。在整个菌落群中酵母菌占 5%～10%。

现在多使用脱脂乳和再制脱脂乳经热处理后作为培养基，接种 3.5%～5%（质量分数）开菲尔粒，23℃恒温培养 20h 左右，培养期间每隔 2～5h 间歇搅拌 10～15min。当培养基 pH 为 4.5 时，搅拌发酵剂，把开菲尔粒从母发酵剂中滤出冲洗，再用于循环制作母发酵剂或保藏备用。滤液按 3%～5%接种到灭菌牛乳中，23℃温度下培养 20h 制作生产发酵剂。

(5) 接种 经杀菌的原料乳冷却至 22～25℃，接种 2%～3%的生产发酵剂。

(6) 发酵 23℃恒温培养 12h，发酵乳液酸度达到 85～110°T，pH 下降至 4.5 左右。搅拌发酵乳液凝乳块，冷却到 14～16℃，继续搅拌。该阶段以乳酸菌发酵为主，所以也称为酸化阶段。

(7) 成熟 14～16℃下经过 12～14h，发酵乳液酸度达到 110～120°T，pH 下降至 4.4 左右，产生 CO_2 和典型的轻微“酵母”味，表明产品已成熟。该阶段以酵母发酵为主。

(8) 冷却、包装 产品迅速冷却至 4～6℃，防止 pH 进一步下降。冷却后包装产品时，要注意防止产品中 CO_2 逸出，机械搅动限制到最低程度。还要避免空气的进入，否则会促使产品分层。

(9) 冷藏　包装好的产品运送到4℃左右的冷库冷藏。

(二) 酸马奶酒

酸马奶酒是以马乳为原料，经乳酸菌和具有发酵乳糖作用的酵母菌发酵而成的酒精型乳饮料。

1. 工艺流程

酸马奶酒生产工艺流程如图4-8所示。

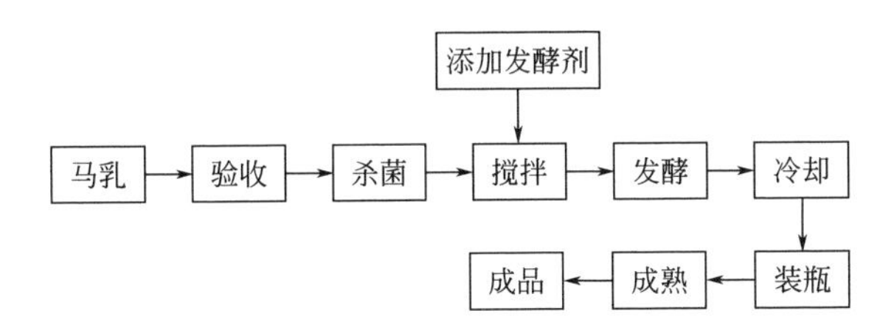

图4-8　酸马奶酒生产工艺流程

2. 工艺要点

(1) 验收　马乳要求新鲜卫生，最好用刚挤的新鲜马乳。

(2) 杀菌　采用90℃、30min的杀菌条件。

(3) 发酵剂　传统发酵剂制作时选用风味、品质优良的酸马奶，使其轻微发酵后过滤，滤出物可作发酵剂保存。使用时把发酵剂浸泡于30℃的去脂消毒牛乳或羊乳中，使菌种复活。复活之后的发酵剂中，添加少量20～22℃的杀菌马乳，不断地搅拌，使其充分混合。也可使用纯乳酸菌与纯酵母菌发酵，添加量以加入发酵剂后的马乳酸度50～60°T为宜。

(4) 搅拌、发酵　发酵剂和马乳混合后，经430～480r/min搅拌20min，在35～37℃下静置发酵1.0～3.5h，使酸度达68～72°T，然后再搅拌。

(5) 冷却、装瓶　冷却到17℃分装。

(6) 成熟　装瓶后置于0～5℃的冷库中继续发酵，1.0～1.5天即可成熟出售。这时酸度达80～120°T，酒精体积分数为1%以上，最高达2.5%～2.7%。

(三) 乳清酒

乳清是生产干酪和干酪素的副产物。牛乳中55%的营养成分在乳清中，所以乳清的营养价值较高。乳清酒按其生产工艺的不同，分为两种类型，即发酵型和蒸馏型。这里主要介绍发酵型乳清酒的生产。

1. 工艺流程

乳清酒生产工艺流程如图 4-9 所示。

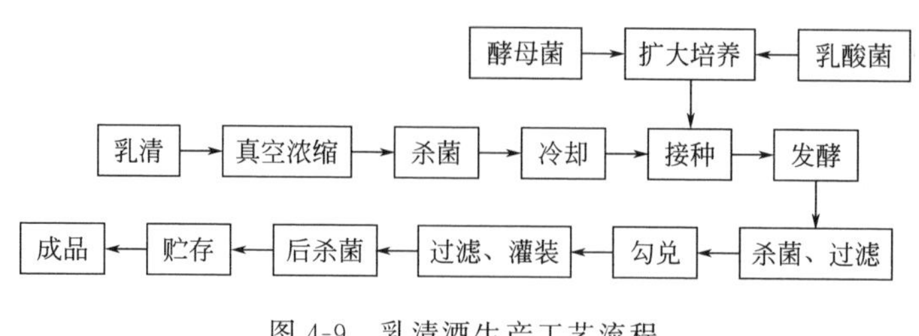

图 4-9 乳清酒生产工艺流程

2. 工艺要点

(1) 真空浓缩 生产干酪排出的乳清固形物含量在5%左右，经70℃真空浓缩其固形物含量达到28%～30%。浓缩后不用冷却直接输送入发酵罐，便于杀菌操作，还节省了大量的能源。

(2) 杀菌、冷却 采用75～80℃、10min的条件杀菌，然后冷却至28～30℃接种发酵。

(3) 菌种培养和接种

乳酸菌斜面种子→一级液体种子→二级液体种子→种子液。

酵母菌斜面种子→一级液体种子→二级液体种子→种子液。

酸菌、酵母分别单独进行纯种培养，接种时再一同接种到发酵罐中，进行混合发酵。

(4) 发酵 30～35℃发酵3～5天，当残总糖≤1.0%时，发酵即可结束。

(5) 杀菌、过滤 采用70～75℃、10min的杀菌条件，然后过滤除去杂质、不溶性物质及菌体。

(6) 勾兑 由于每批乳清酒或每罐乳清酒的指标不一定完全相同，为了保持乳清酒的质量稳定，达到统一的标准，必须把具有不同理化指标的酒按科学的比例兑在一起，并通过调整酸甜比，使乳清酒的口味和质量都达到最佳。

(7) 过滤、灌装 勾兑过程中有可能产生新的沉淀或杂质，勾兑后必须再过滤一次，然后进行灌装。

(8) 后杀菌 为了延长保质期，灌装后必须杀菌。杀菌条件为(80±2)℃、15min。

(9) 贮存 一般需在阴凉干燥处贮存3个月以上再出厂。

第四节 其他发酵乳加工技术

一、双歧杆菌发酵乳加工

双歧杆菌有益健康作用与该菌的产酸特性有关，它以产生醋酸为主，同时生成乳酸和甲酸，可造成大肠中低 pH 环境，从而抑制肠道有害菌和致病菌的生长。双歧杆菌可抑制硝酸盐还原为亚硝酸盐，其代谢产物还抑制了肠道中的硝酸盐还菌，可消除或显著减少亚硝酸盐致癌物质对人体的危害。

（一）生产工艺

双歧杆菌发酵乳生产工艺流程如图 4-10 所示。

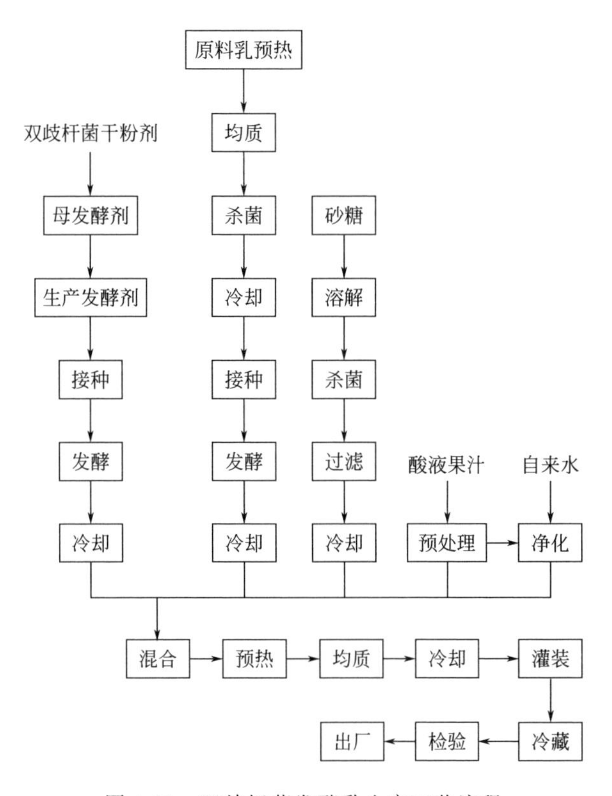

图 4-10 双歧杆菌发酵乳生产工艺流程

（二）工艺要点

1. 双歧杆菌的选择

研究表明，两歧双歧杆菌和婴儿双歧杆菌效果好。对这两种的不同菌株在乳中连续深层培养或在含有乳酵母培养基中驯化，可达到良好效果。

2. 双歧杆菌发酵乳的发酵条件

为使发酵乳中活菌含量较高而凝乳时间又相对较短，发酵工艺选择为：在原料中加入0.25%生长剂，接种5%的驯化双歧杆菌菌种，42℃培养7h。一般生长促进物质可用玉米浸出液0.1%～0.5%、胃蛋白酶及酪蛋白胨等、大豆浸出液、玉米油加入维生素C、酵母浸出液0.1%～0.5%。由于需要无氧环境，可加入还原剂，有利于双歧杆菌生长。常用的还原剂有葡萄糖1%～5%、抗坏血酸0.1%及半胱氨酸约0.05%等。

3. 乳酸菌发酵乳

乳酸菌发酵乳按搅拌型酸乳发酵工艺进行制备。

4. 混合

将双歧杆菌发酵乳与乳酸菌发酵乳冷却至20℃以下，以2∶1或3∶1比例混合制成双歧杆菌发酵乳，含双歧杆菌数可达$10^{6\sim8}$个/mL，风味同酸乳基本相同。

二、冷冻酸乳加工

冷冻酸乳类似于目前我国市场上的“酸乳冰淇淋”。这些产品的物理状态与冰淇淋类似，具有较强烈的酸乳风味以及冰淇淋的冷感。与酸乳相比，冷冻酸乳含有多量的糖与稳定剂或乳化剂，因为在凝冻过程中，需要这些成分保持微细的气泡状结构。

（一）生产工艺

一般而言，不同类型的冷冻酸乳的生产过程是相似的，图4-11为冷冻酸乳的不同生产工艺流程。

（二）工艺要点

冷冻酸乳可分成软硬两种类型。软质冷冻乳酸与硬质冷冻乳酸在脂肪与糖含量上有所差别，一般前者比后者低4%～5%。生产硬质冷冻乳酸的工艺流

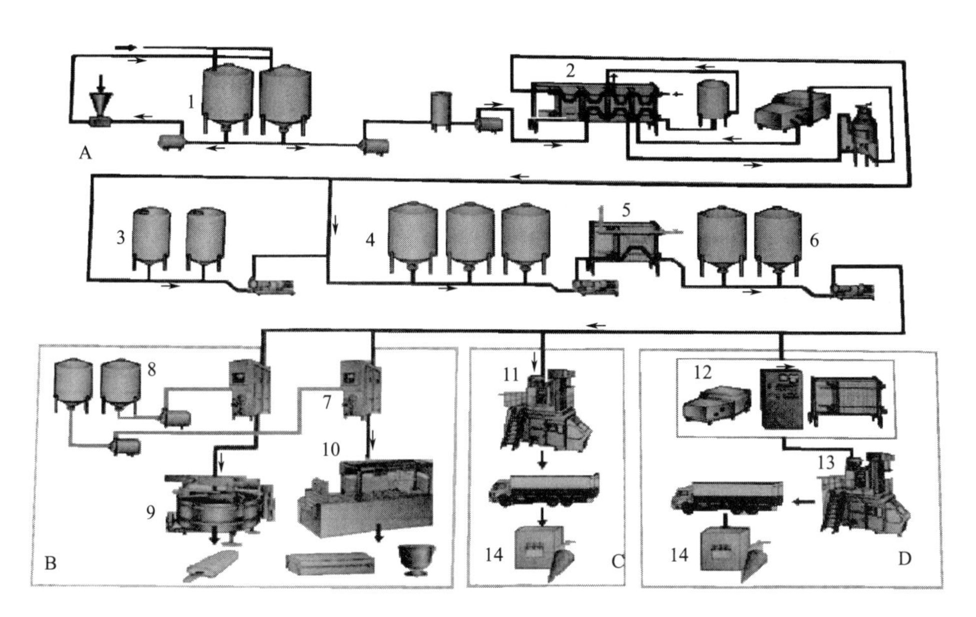

图 4-11　冷冻酸乳的不同生产工艺流程

A—酸乳生产；B—硬冰淇淋生产；C—软冰淇淋混料；D—长货期软冰淇淋混料

1—混料罐；2—巴氏杀菌器；3—生产发酵剂罐；4—发酵罐；5—冷却器；6—缓冲罐；7—冰淇淋凝冻机；8—香料罐；9—棒凝冻机；10—杯/蛋卷灌装机；11—包装；12—UHT 灭菌处理；13—无菌包装；14—在零售点的软冰淇淋机

程如下：

① 原料混合，并在 70℃下经均质处理。

② 在板式热交换器中加热到 90℃，保温 3min。

③ 冷却到 43℃，泵入发酵罐。

④ 加入 4%～6%的乳酸发酵剂，静置发酵 7～8h，至 pH 约 4.5。

⑤ 冷却以停止进一步发酵。

⑥ 在泵入中间贮罐前，可用计量泵加入香精或额外的糖。

⑦ 送入凝冻机凝冻。一般冷冻乳酸的出料温度为－6℃，比常规的冰淇淋的温度要低。

⑧ 灌装，送入－25℃的冷库中速冻。

三、开菲尔酸乳加工

开菲尔粒是生产酸乳的特殊发酵剂，开菲尔酸乳加工工艺与大多数发酵乳制品有许多相同之处，典型生产过程如下：

(一) 原料乳要求和脂肪标准化

和其他发酵乳制品一样，原料乳的质量十分重要，它不能含有抗生素和其他杀菌剂，用于开菲尔酸乳生产的原料可以是山羊乳、绵羊乳或牛乳。开菲尔酸乳的脂肪含量为0.5%～6.0%，一般是利用原料乳中原有的脂肪含量，但是更常用2.5%～3.5%的脂肪含量。

(二) 均质、热处理、标准化

原料乳在65～70℃、17.5～20MPa的条件下进行均质。热处理的方法与酸乳和大多数发酵乳一样，也是90～95℃、5min。

(三) 发酵乳的制备

开菲尔发酵剂通常用不同脂肪含量的牛乳来生产，但为了更好控制开菲尔粒的微生物组成，现在使用脱脂乳和再制脱脂乳制作发酵剂。与其他发酵乳制品一样，培养基必须进行完全的热处理，以灭活噬菌体。

因为开菲尔粒体积大，不易处理，所以生产分两个阶段。体积相对较小的在第一阶段中，经预热的牛乳用活性开菲尔粒接种，接种量为5%或3.5%，23℃培养，培养时间大约20h。这期间开菲尔粒逐渐沉降到底部，要求每隔2～5h间歇搅拌10～15min。当达到理想的pH（4.5）时，搅拌发酵剂，用过滤器把开菲尔粒从母发酵剂中滤出，滤液用凉开水冲洗，它们能再次用于培养新一批母发酵剂。在第二阶段中，如果滤液在使用前要贮存几个小时，那么可以把它冷却至10℃左右，如果要大量生产开菲尔酸乳，那么可以把滤液立刻接种到预热过的牛乳中制作生产发酵剂，接种量为3%～5%，在23℃下培养20h后制成生产发酵剂，可直接接种到生产开菲尔酸乳的乳中。

(四) 接种

牛乳热处理后，冷却至接种温度，通常为23℃，添加2%～3%的生产发酵剂。

(五) 培养

正常情况下分两个培养阶段，酸化和后熟。

1. 酸化阶段

此阶段持续至pH到4.5，85～110°T，大约要培养12h，然后搅拌凝块，在罐里预冷。当温度达到 14～16℃时冷却停止，不停止搅拌。

2. 后熟阶段

在随后的 12～14h 开始产生典型的轻微“酵母”味。当酸度达到 110～120°T（pH 约 4.4）时，开始最后的冷却。

（六）冷却

产品在板式热交换器中迅速冷却至 4～6℃，以防止 pH 的进一步下降。冷却和随后的包装产品，非常重要的一点是处理要柔和，在泵、管道和包装机中的机械搅动必须限制到最低程度。因空气会增加产品分层的危险性，所以应避免空气的进入。

第五节 发酵乳的质量控制

一、感官指标上的缺陷及其控制措施

（一）凝固性差

酸乳有时会出现凝固性差或不凝固现象，黏性很差，尤其凝固型酸乳表现过于柔软裂开，硬度不够，出现质构不均的现象，多种因素引起这种现象的发生。

1. 原料乳质量

若乳中含有抗生素、防腐剂，会抑制乳酸菌的生长，导致发酵不力、凝固性差。乳房炎乳由于其白细胞含量较高，对乳酸菌也有抑制作用。原料乳掺碱、水，乳的总干物质降低，发酵所产的酸被中和，均会影响酸乳的凝固性。

加强原料验收，杜绝使用含抗生素、农药、洗涤剂、防腐剂的乳以及掺碱水原料乳和乳房炎乳。

2. 发酵温度和时间

若发酵温度低于或高于乳酸菌最适生长温度，则乳酸菌活力下降，凝乳能力降低，使酸乳凝固性降低。发酵时间短、发酵室温度不稳定也是造成酸乳凝固性降低的原因之一。因此应尽可能保持发酵室的温度恒定，把握好发酵温度和时间。

3. 噬菌体污染

噬菌体可杀死对应发酵菌而影响发酵。由于噬菌体对菌的选择作用，可采用经常更换发酵剂的方法加以控制，或混合使用两种以上菌种也可减少噬菌体危害，加强车间卫生清洁。

4. 发酵剂活力

发酵剂活力弱或接种量太少会造成酸乳的凝固性下降。控制措施是确保发酵剂活力及接种量，防止灌装容器上残留洗涤剂和消毒剂影响菌种活力。

5. 加糖量

加工酸乳时，加入适当的蔗糖（6.5%）可使产品产生良好的风味，凝块细腻光滑，提高黏度，利于乳酸菌产酸。若加量过大，会产生高渗透压，抑制乳酸菌的生长繁殖，造成乳酸菌活力下降或脱水死亡，使牛乳不能很好凝固。

（二）乳清析出

1. 原料乳热处理不当

热处理温度偏低或时间不够，乳清蛋白变性不够，难以与酪蛋白形成复合物，不能容纳更多的水分，脱水收缩作用明显。原料乳通常经 85℃、20～30min 或 90℃、5～10min 热处理即可保证 75%的乳清蛋白变性；UHT 加热（135～150℃、2～4s）处理不能达到 75%的乳清蛋白变性，所以酸乳加工不宜用 UHT 加热处理。

2. 发酵时间

发酵时间过长，酸度过大，破坏原来已形成的凝乳胶体结构，使其容纳的水分游离出来形成乳清上浮。发酵时间过短，凝乳胶体结构还未充分形成，不能包裹乳中原有的水分，也会造成乳清析出。因此在发酵时抽样检查，发现牛乳已完全凝固，就应立即停止发酵。

3. 其他因素

酸乳冷却温度不适、搅拌速度过快、过度搅拌或泵送造成空气混入产品、乳中钙盐不足、发酵剂添加量过大等因素也会造成乳清析出。

在加工时选择适合的搅拌参数并注意降低搅拌温度，选用适当的稳定剂，提高酸乳黏度，防止乳清分离。乳中添加适量的 $CaCl_2$ 既可减少乳清析出，又可赋予酸乳一定硬度。

（三）风味不良

正常发酵乳应有发酵乳纯正的发酵风味，但在加工过程中常出现以下不良风味：

1. 无芳香味

无芳香味主要由发酵剂的选择及发酵条件不当所引起。正常的酸乳加工应保证两种以上的菌种按适当比例混合使用，否则产香不足，风味变劣。高温短时发酵或固体含量不足均可造成酸乳芳香味不足。酸乳的芳香味主要来自发酵剂分解柠檬酸产生的丁二酮等物质，所以原料乳中应保证足够的柠檬酸含量。正常的开菲尔酸乳酒、奶啤等应具有适当的乳酸发酵风味和适当的醇香风味，并含有适当的 CO_2 气体。如果发酵剂菌相异常、发酵时间和温度不当、产品成熟度不当，均可造成产品无醇香味，或产生酵母味，或 CO_2 气体含量不足。

控制方法是选择恰当的发酵剂，严格把握发酵温度、时间等工艺参数。

2. 杂菌不洁味

杂菌不洁味主要由发酵剂或发酵过程中污染杂菌引起。酸乳被丁酸菌污染可使产品带刺鼻怪味，被酵母菌、霉菌污染产生霉败等不良风味。酸乳酒若染丁酸菌、醋酸等杂菌也会产生刺激性酸臭味。发酵干酪等污染杂菌会产生苦味、恶臭、酸败等不良风味。因此在发酵乳生产过程中要始终严格保证卫生条件。

3. 酸度、甜度不当

酸乳过酸、过甜均会影响风味。发酵过度、冷藏时温度偏高和加糖量较低等会使酸乳偏酸。而发酵不足或加糖过高又会导致酸乳偏甜。因此，应尽量避免发酵过度现象，并应在 0～4℃ 条件下冷藏，防止温度过高，严格控制加糖量。

4. 原料乳的异味

原料乳的异味主要是牛体臭味、氧化臭味及因过度热处理或添加了风味不良的炼乳、乳粉等造成的不良风味。应该加强原料乳及配料的验收检验，选择最适灭菌参数避免出现不良异味。

（四）口感差

优质酸乳、酸乳饮料柔嫩、细滑，清香可口。采用高酸度的乳或劣质的乳粉加工酸乳，口感粗糙，有砂状感。加工时应采用新鲜牛乳或优质乳粉，并采取均质处理配合稳定剂使用，使乳中蛋白质颗粒细微化，达到改善口感的目的；优质酸马乳酒、开菲尔酸乳酒中若 CO_2 气体含量不足，爽口感就差，应保证足够的成熟时间和恰当的培养温度，包装处理要柔和。

（五）砂质感和小颗粒

主要表现为发酵乳液体组织外观上有许多砂状颗粒存在，不细腻。在制作搅拌型酸乳时，应选择适宜的发酵温度和搅拌温度，避免原料乳过度受热和干物质过多，避免搅拌温度过高。

（六）沉淀和分层

出现沉淀和分层是搅拌型酸乳或乳酸菌饮料常见的质量缺陷。主要原因是发酵乳液酸度过高，另外在加入果汁、酸味剂时温度过高或加酸速度过快及搅拌速度不均等都可以造成局部过度酸化而发生分层和沉淀。主要克服的方法是：

1. 控制搅拌参数

选择合适的搅拌设备和搅拌方法，降低搅拌温度，避免过热凝块收缩硬化形成蛋白胶粒沉淀。

2. 加入稳定剂并均质

均质使混合料液滴微细化，提高料液黏度，增强稳定剂的稳定效果。稳定剂可提高液体饮料的黏度，与酪蛋白微粒结合形成保护性胶体，防止沉淀。

3. 控制有机酸添加方法

添加柠檬酸等有机酸味剂容易引起乳饮料产生沉淀。克服的方法是在低温条件下边搅拌边添加，添加速度要缓慢，搅拌速度要快，一般以喷雾形式加入。

4. 提高乳中总固体含量

尤其是提高乳蛋白含量，可提高发酵乳饮料密度，增加黏稠度，有利于酪蛋白在发酵乳饮料混悬液中的稳定性。

5. 添加蔗糖

蔗糖可以在酪蛋白表面形成被膜，可提高酪蛋白与其他分散介质的亲水性，还能够增加发酵乳饮料的密度和黏稠度，避免沉淀和分层现象。

6. 选用产黏发酵剂

产黏发酵剂可以增加发酵乳黏稠度，从而增加其稳定性。

（七）脂肪上浮

若采用全脂乳或脱脂不充分乳作原料时，均质不当等原因会引起脂肪上浮。应改进均质条件，添加酯化度高的稳定剂或乳化剂，改用脱脂乳或脱脂乳粉作发酵乳的原料。

（八）色泽异常

控制适当的热处理温度和时间，以免产生焦糖色褐变，合理选择色素的种类和添加量，减少热处理和贮存过程中的颜色变化。

（九）质地稀薄

提高原料乳固体尤其是蛋白质的含量，热处理确保乳白蛋白和乳清蛋白充分变性，脂肪充分均质化处理，加大接种量，适当延长发酵时间，适当增加或调整稳定剂。

（十）过于发黏

预防产黏液菌过度发酵，避免在过低温度下发酵，更换发酵剂。

（十一）酸度过高或过低

防止噬菌体污染，适当更换菌种保证正常产酸，彻底清洗消毒设备，优化发酵剂接种量和发酵时间等参数。

二、理化指标上的缺陷

（一）非脂乳固体和蛋白质过低

若发酵乳中非脂乳固体含量低于8.1g/100g，蛋白质低于2.9g/100g，属于固形物含量过低，主要原因是原料乳或乳粉质量不足，也可能是因为配料计算失误。应该加强原料乳和乳粉的检验，配料时要认真计算料液各成分的含量。

（二）酸度过低或过高

发酵乳酸度低于70°T以下就属于酸度过低。主要原因是发酵剂活力低或接种量不够，或发酵时间过短，或发酵温度不够，应优化发酵参数。

发酵乳酸度高于120°T属于酸度过高，发酵过度、冷藏时温度偏高均会造成产品酸度过高。克服的方法主要还是优化发酵参数，注意限制发酵后及冷藏产酸。

三、微生物指标上的缺陷

（一）杂菌污染

酸乳贮藏时间过长或温度过高时，发酵乳表面不够清洁光滑，出现酵母菌或霉菌生长物。杂菌污染主要由发酵后配料发生二次污染造成。要严格保证生产卫生条件，控制好贮藏时间和贮藏温度。

（二）微生物限量超标

克服微生物限量超过标准方法是保证生产卫生条件，加强无菌操作技术。

（三）乳酸菌数达不到限量

确保乳酸菌数达标，需保证原料乳不含抑菌物质，保证发酵剂活力和接种量，保证发酵温度和时间。

第五章

乳粉加工技术

第一节　概　　述

一、乳粉概念及特点

乳粉是以鲜乳为原料，采用冷冻法或加热法除去乳中几乎全部水分加工而成的干燥粉末状乳制品。广义上乳粉还包括添加或不添加食品添加剂和食品营养强化剂等辅料、经脱脂或不脱脂、浓缩干燥或干混合的粉末状乳制品，其中乳干物质应不低于70%。更广义的乳粉还包括乳清粉、酪乳粉、奶油粉等产品。

乳粉主要有以下特点：

① 乳粉几乎保留了鲜乳中的全部营养成分，营养价值高。

② 乳粉贮藏期长，并能保持乳中的营养成分。

③ 乳粉中除去了几乎全部的水分，大大减轻了质量、减小了体积，为贮藏和运输带来了方便，这也是乳粉加工的重要目的。

④ 食用或使用方便。乳粉只需加水溶解，即可使用或饮用。

二、乳粉的分类

（一）一般乳粉的分类

1. 全脂乳粉

仅以乳为原料，添加或不添加食品营养强化剂，经浓缩、干燥制成粉末状产品，其蛋白质含量不低于非脂乳固体的34%，脂肪含量不低于25%。由于脂肪含量高，易被氧化，在室温下可保存3～6个月。

2. 脱脂乳粉

脱脂乳粉是指用离心的方法将新鲜牛乳中绝大部分脂肪分离去除后，经过杀菌、浓缩、喷雾干燥制成的乳制品。脱脂乳粉可直接作为食品，更多的是做食品工业的蛋白质原料，常用于制作点心、面包、冰淇淋、复原乳等。由于脂肪含量极低（不高于1.75%），不易发生氧化，耐保藏，在室温下可保存1年以上。

3. 全脂加糖乳粉（加糖乳粉）

在加工过程中向原料乳中加入一定量的白砂糖制得的乳粉称为全脂加糖乳粉，其中蛋白质含量不低于15.8%，脂肪含量不低于20.0%，蔗糖含量不超过20.0%。

4. 配方乳粉（调制乳粉、强化乳粉）

配方乳粉是指针对不同人群的营养需要，在鲜乳或乳粉中配以各种营养素，经加工干燥而成的乳制品。配方乳粉主要包括：婴幼儿配方乳粉、儿童学生配方乳粉、中老年配方乳粉、特殊配方乳粉（包括高钙乳粉、降血压乳粉、酪乳粉、孕妇乳粉和免疫乳粉）等。

5. 速溶乳粉

速溶乳粉是在生产乳粉过程中采取特殊的造粒工艺或喷涂卵磷脂而制成的溶解性、冲调性极好的乳粉。

6. 乳清粉

以干酪或干酪素生产的副产品——乳清为原料，经过浓缩、干燥而成的乳粉。

7. 酪乳粉

利用奶油加工的副产品——酪乳为原料，经过浓缩、干燥而成的乳粉，含较多的卵磷脂。

8. 奶油粉

在稀奶油中添加一部分鲜乳，经干燥加工而成的乳粉。

9. 麦精乳粉

在鲜乳中加入麦芽糖、可可、蛋类、乳制品等，经干燥加工而成。

（二）其他专用乳粉

1. 焙烤专用乳粉

根据饼干等焙烤行业的营养需求和生产加工工艺的功能需要制作而成的，专用乳粉具有理想的水合性、乳化性、起泡性、发泡性和凝胶性，可替代焙烤行业使用的通用型乳粉。

2. 冰淇淋专用乳粉

根据冰淇淋行业的营养需求和生产工艺的功能需要制作而成的，专用乳粉具有理想的起泡性、发泡性和乳化性，可替代冰淇淋行业使用的通用型乳粉。

3. 巧克力专用乳粉

根据巧克力行业的营养需求和生产工艺的功能需要制作而成的，要求专用乳粉具有理想的起泡性、乳化性和较高的游离脂肪酸含量，可替代巧克力行业使用的通用型乳粉。

4. 酸乳粉

根据发酵乳制品采用复原乳和发酵剂的要求，将乳粉和粉末状发酵剂采用特殊的加工工艺，达到两者物理和化学的良好融合，实现使用复原酸乳粉生产发酵乳制品。

三、乳粉的化学组成

乳粉的化学组成随原料乳的种类及添加料等的不同而有所差别，如表 5-1 所示。

表 5-1　各种乳粉的化学成分平均值

品种	水分/%	脂肪/%	蛋白质/%	乳糖/%	无机盐/%	乳酸/%
全脂乳粉	2.00	27.00	26.50	38.00	6.05	0.16
脱脂乳粉	3.23	0.88	36.89	47.84	7.80	1.55
乳油粉	0.66	65.15	13.42	17.86	2.91	—
甜性酪乳粉	3.90	4.68	35.88	47.84	7.80	1.55
酸性酪乳粉	5.00	5.55	38.85	39.10	8.40	8.62
干酪乳清粉	6.10	0.90	12.50	72.25	8.97	—
干酪素乳清粉	6.35	0.65	13.25	68.90	10.50	—
脱盐乳清粉	3.00	1.00	15.00	78.00	2.90	0.10
婴儿乳粉	2.60	20.00	19.00	54.00	4.40	0.17
麦精乳粉	3.29	7.55	13.10	72.40	3.66	—

第二节　全脂乳粉加工技术

一、工艺流程

全脂乳粉可根据原料乳中加糖与否分为全脂甜乳粉和全脂淡乳粉两种，两种乳粉的加工工艺基本一致。以全脂加糖乳粉为例，其加工工艺流程如图 5-1 所示。

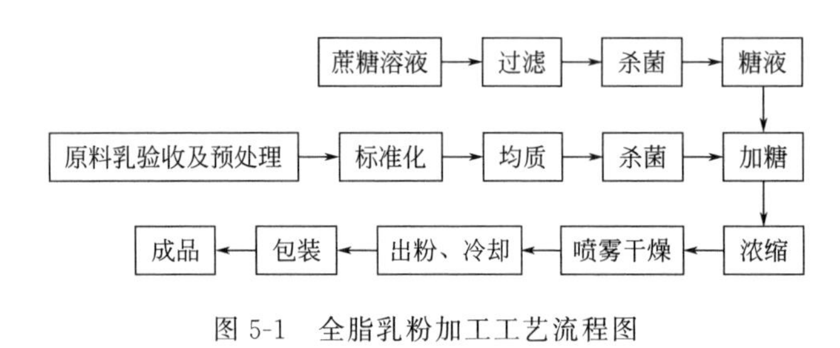

图 5-1　全脂乳粉加工工艺流程图

二、工艺要点

（一）原料乳验收及预处理

原料乳必须符合《食品安全国家标准　生乳》（GB 19301—2010）中规定的各项要求，严格进行感官检验、理化检验和微生物检验。原料乳如不能立即加工，必须净化后冷却至 0～4℃，再打入贮奶罐中贮存。

（二）原料乳的标准化

标准化是指对原料乳的脂肪含量进行调整，使之达到成品标准的要求，即原料乳中的脂肪含量与无脂干物质含量的比值达到乳粉的标准比值。一般乳脂肪的标准化在离心净乳机净乳时进行。要经常检查原料乳的含脂率，掌握其变化规律，便于适当调整。

（三）均质

在乳粉加工过程中，原料乳在离心净乳和压力喷雾干燥时，不同程度地受到离心机和高压泵的机械挤压和冲击，有一定的均质效果，所以加工全脂乳粉的原料一般不经均质。但如果进行了标准化，添加了稀奶油或脱脂乳，则应进行均质，使混合原料乳形成一个均匀的分散体系。即使未进行标准化，经过均质的全脂乳粉质量也优于未经均质的乳粉，因为原料乳经过均质后，较大的脂肪球被破碎成了细小的脂肪球，能均匀分散，形成稳定的乳浊液，制成的乳粉冲调复原性更好。均质方法是将原料乳预热至 60℃左右，采用 20MPa 的压力进行均质处理。

（四）杀菌

原料乳的杀菌方法须根据成品的特性进行选择。生产全脂乳粉时，杀菌温度和保持时间对乳粉的品质，特别是溶解度和保藏性有很大影响。一般认为，高温杀菌可以防止或推迟乳脂肪的氧化，但高温长时加热会严重影响乳粉的溶解度，最好是采用高温短时杀菌或超高温瞬时杀菌。高温短时杀菌或超高温瞬时杀菌对乳的营养成分破坏程度小，乳粉的溶解度及保藏性良好，因此得到广泛应用。尤其是超高温瞬时杀菌，不仅能使乳中微生物几乎被全部杀灭，还可以使乳中蛋白质达到软凝块化，食用后更容易消化吸收，近年来被普遍重视和采用。乳粉生产中常用杀菌方法见表 5-2。

表 5-2 乳粉生产中常用杀菌方法

<table>
<tr><th>杀菌方法</th><th>杀菌温度、时间</th><th>主要设备</th><th>杀菌效果</th></tr>
<tr><td rowspan="3">低温长时杀菌</td><td>60～65℃，30min</td><td rowspan="3">容器式杀菌缸</td><td rowspan="2">可杀死病原菌，不能破坏所有酶类</td></tr>
<tr><td>70～72℃，15～20min</td></tr>
<tr><td>80～85℃，5～10min</td><td>效果较以上二种好</td></tr>
<tr><td rowspan="2">高温短时杀菌</td><td>85～87℃，15s</td><td rowspan="2">连续式杀菌器如板式、列管式等</td><td rowspan="2">效果较理想</td></tr>
<tr><td>94℃，24s</td></tr>
<tr><td>超高温瞬时杀菌</td><td>120～140℃，2～4s</td><td>管式、板式、蒸汽直接喷射式</td><td>微生物几乎全部杀死</td></tr>
</table>

（五）加糖

1. 加糖量计算

全脂甜乳粉中的蔗糖含量一般在 20%以下，生产厂家一般控制在 19.5%～19.9%。根据“比值”不变的原则，即原料乳中蔗糖与干物质之比等于乳粉成品中蔗糖与干物质之比，按下式计算：

$$Q/E=F$$

式中 Q——蔗糖加入量，%；

E——原料乳中干物质含量，%；

F——甜乳粉中蔗糖与干物质之比。

2. 加糖的方法

常用的加糖方法有：

① 净乳之前加糖；

② 将杀菌过滤的糖浆加入浓乳中；

③ 包装前加蔗糖细粉于干粉中；

④ 预处理前加一部分，包装前再加一部分。

不同加糖方法各有利弊。后加糖获得的乳粉相对密度较大，成品乳粉的体积较小，可节省包装费，但产品中含糖的均匀性不理想，二次污染的机会大。前期加糖使产品的含糖均匀一致，溶解度较好，但产品的吸湿性较大，且因为蔗糖具有热熔性，在喷雾干燥塔中流动性差，容易粘壁和形成团块。加糖时现多采用牛乳直接化糖，这样会减轻浓缩负担，有利于节约能源。

（六）浓缩

浓缩就是把乳中的大部分水分除去的过程，目前乳粉生产最常用的是真空浓缩。由于压力越低，溶液的沸点越低，所以整个蒸发过程都是在较低温度下进行的，而且真空蒸发速度较快。

浓缩的程度视各厂的干燥设备、浓缩设备、原料乳的性状、成品乳粉的要求等而异，一般浓缩到原料乳体积的1/4，这时牛乳的浓度为12～16°Bé(50℃)，乳固体含量为40%～50%。通常，当浓缩终了时，测其相对密度或黏度浓缩终点，此时的全脂浓缩乳相对密度为1.110～1.125，脱脂浓缩乳相对密度为1.160～1.180。

保证蒸发过程顺利进行有以下几个基本条件：

1. 不断地供给热量

牛乳中的水分蒸发及发生汽化需要吸收大量的热量，所以若要维持稳定的沸腾状态，就必须不断地供给热量，热量的来源就是锅炉产生的热量。

2. 不断地排除二次蒸汽

牛乳水分汽化时会产生大量的二次蒸汽，如果二次蒸汽不能及时排除，牛乳液面的压力就会上升，从而引起牛乳沸点升高，这样，一方面影响蒸发速率，另一方面会增大能耗，而且对牛乳营养成分的保存也不利。实际操作时，可过冷凝器使二次蒸汽冷凝后以冷凝水的形式排出系统外。

（七）喷雾干燥

浓缩后的乳打入保温罐内，应立即进行干燥，干燥直接影响乳粉的溶解度、杂质度、水分、色泽和风味等，是乳粉生产中最重要的工序之一。现在广泛采用的干燥法是喷雾干燥法。

1. 喷雾干燥工艺

喷雾干燥工艺流程如图 5-2 所示。

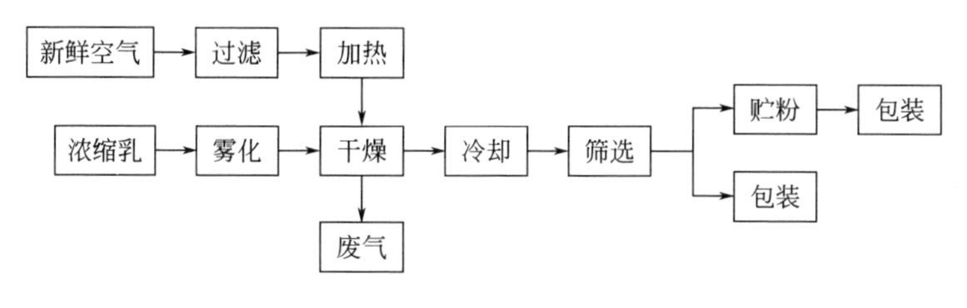

图 5-2　喷雾干燥工艺流程

2. 喷雾干燥设备

喷雾干燥设备类型虽然很多，但都是由干燥室、雾化器、高压泵、空气过滤器、空气加热器、进排风机、捕粉装置及分风箱等组成的。

（1）干燥室　干燥室是乳粉干燥的主体设备，有立式和卧式两种。立式一般为圆柱体锥形底或平底。干燥室体积庞大，是浓乳干燥成乳粉的场所。

（2）雾化器　雾化器是区别压力式喷雾干燥机和离心喷雾干燥机的关键所在。压力式雾化器是由带斜槽的芯子同板眼搭配（称为 S 型 Spraying）或由带斜槽的孔板同板眼搭配（称为 M 型 Monarch），紧固在喷头内组成的。两种雾化器具有同样的效果。理想的雾化器应能将浓乳稳定地雾化成均匀的乳滴，且散布于干燥室的有效部分而不喷到壁上，还能与其他喷雾条件配合，喷出符合质量要求的成品。良好的离心式雾化器在运转时应使雾滴大小均匀，湿润周边长，能使料液达到高转速，离心盘结构简单坚固，质轻，易拆洗，无死角，生产效率高。

（3）高压泵　凡是压力式喷雾都需使用高压泵。高压泵一般为三柱塞式往复泵，可产生高压和进行均质，使浓乳在高压作用下由雾化器喷出，形成雾状。

（4）空气过滤器　浓乳在喷雾干燥过程中吹入干燥室内的热风是吸收周围

中的空气经加热而成的，吸入的空气必须经过滤除尘。过滤器的滤层一般使用钢、尼龙丝、海绵、泡沫、塑料等物充填，约 10cm 厚。空气过滤器性能约为 $100m^3/(m^2 \cdot min)$，通过的风压控制在 147Pa，风速 2m/s。

(5) 空气加热器　空气加热器是用于加热吸入的冷空气，使之成为热风，供干燥雾化的浓乳用。有蒸汽加热和燃油炉加热两种，前者可加热到 150～170℃，后者可加热到 180～200℃。空气加热器多用紫铜管和钢管制造，加热面积因管径、散热片及排列状态等因素而异。

(6) 进排风机　进风机的作用是吸入空气并将加热的空气送入干燥室内，使雾化的浓乳干燥。同时排风机将蒸发出去的水蒸气及时排掉，以保持干燥室的干燥作用正常进行。为防止粉尘向外飞扬，干燥室须维持 98～196Pa 的负压状态，所以，排风机的风压要比进风机大。排风机风量要比进风机风量大 20%～40%。

(7) 捕粉装置　捕粉装置的作用是将排风中夹带的粉粒与气流分离。常用的捕粉装置有旋风分离器、袋滤器或两者结合使用。也有湿回收器和静电回收器。一般旋风分离器对 10μm 以下的细粉回收率不高，其分离效果与尺寸比例、光洁度、气流速度有关（一般认为 18～20m/s 的速度效果最好），与出料口的密封度有关。袋滤器回收率较高，但操作管理麻烦，如将旋风分离器同袋滤器串联使用，效果更好。

(8) 分风箱　该装置安装在热风进入干燥室的分风室处，作用是将进入的热风分散均匀无涡流，与雾化的浓乳进行很好的接触，避免干燥室内出现局部积粉、焦粒或潮粒。

3. 干燥类型

(1) 一段干燥　被干燥的乳粉颗粒落入干燥室的底部，由风扇送至输送管道被冷风冷却，并传送到包装段，同时混着冷风的乳粉流动到排放单元，在包装之前乳粉从空气中分离出来，而水蒸气被热风带走，从干燥室排风口排出。

一些小的、轻的颗粒可能与空气混在一起离开干燥塔，这些粉经过一个或多个旋风分离器的分离后，再混回到包装乳粉中，而除去乳粉的空气则由风扇排出厂外。具体工艺流程见图 5-3。

(2) 二段干燥　二段干燥在保证产品最低水分含量的同时，能提高经济效益。即降低排风温度，提高乳粉离开干燥塔时的水分含量，再在二次干燥流化床中干燥到所要求的水分含量。对于全脂乳粉进入二次干燥流化床的含水量可以达到 6%～7%；含糖 15%左右的全脂甜乳粉含水量可以达到 4%～5%。此时，乳粉离开喷雾干燥第一段的湿度比最终要求高 2%～3%，第二段流化床

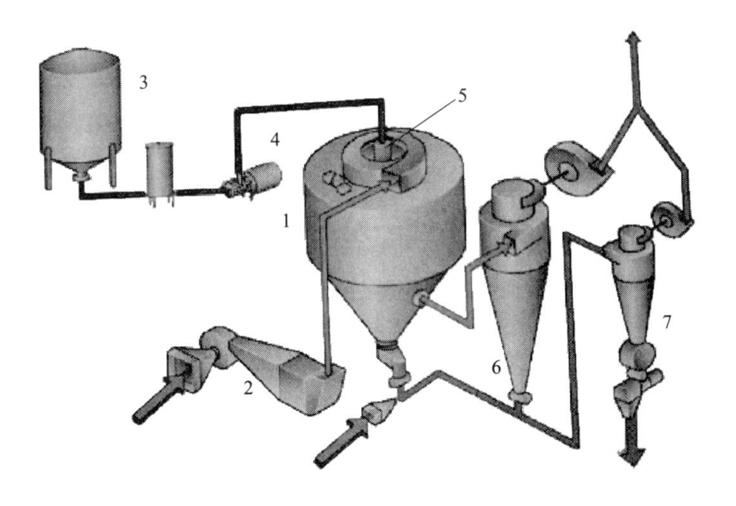

图 5-3　传统喷雾干燥（一段干燥）

1—干燥室；2—空气加热器；3—牛乳浓缩缸；4—高压泵；5—雾化器；
6—主旋风分离器；7—旋风分离输送系统

干燥器的作用就是除去这部分多余湿度并最后将乳粉冷却下来。具体工艺流程如图 5-4 所示。

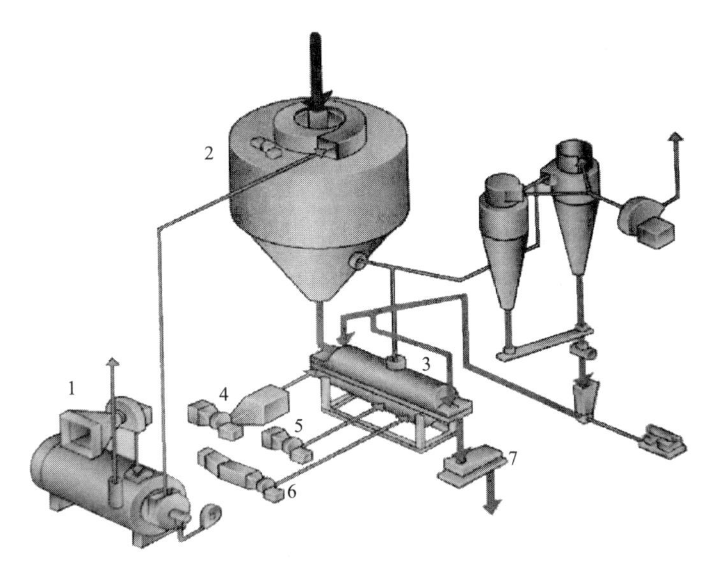

图 5-4　二段喷雾干燥生产工艺流程

1—间接加热器；2—干燥室；3—振动流化床；4—流化床空气加热器；
5—流化床冷却气；6—流化床除湿冷却气；7—过滤筛

(3) 三段干燥　三段干燥中的第二段干燥在喷雾干燥室的底部进行，而第三段干燥位于干燥塔外进行最终干燥和冷却。三段干燥主要有两种三段式干燥器：具有固定流化床的干燥器和具有固定传送带的干燥器。

图 5-5 为带过滤器型干燥器，它包括一个主干燥器和三个小干燥室用于结晶（当需要时，如生产乳清粉），最后干燥和冷却。产品经主干燥室顶部的喷嘴雾化，来料由高压泵泵送至喷雾嘴，雾化压力高达 2×10^{7} Pa，绝大部分干燥空气绕喷雾器供入干燥室，温度高达 280℃。液滴自喷嘴落向干燥室底部的过程被称为第一步干燥，乳粉在传送带上沉积或附聚成多孔层。

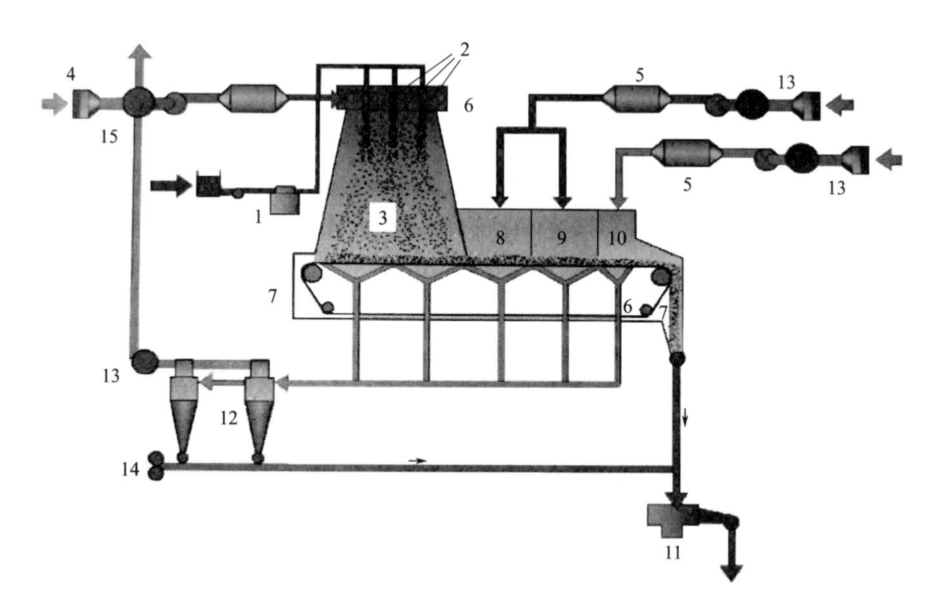

图 5-5　具有完整运输、过滤器（三段干燥）的喷雾干燥器

1—高压泵；2—喷头装置；3—主干燥室；4—空气过滤器；5—加热器/冷却器；6—空气分配器；7—传送带系统；8—保持干燥室；9—最终干燥室；10—冷却干燥室；11—乳粉排卸；12—旋风分离器；13—鼓风机；14—细粉回收系统；15—过滤系统

（八）出粉、冷却、包装

1. 出粉与冷却

干燥的乳粉落入干燥室的底部，粉温可达 60℃，应立即将乳粉送至干燥室外并及时冷却，避免乳粉受热时间过长。特别是对全脂乳粉，受热时间过长会使乳粉游离脂肪增加，严重影响乳粉的质量，使之在保存中容易引起脂肪氧化变质，乳粉的色泽、滋味、气味、溶解度也会受到影响。出粉、冷却的方式

一般有以下几种。

（1）气流输粉、冷却 气流输粉装置可以连续出粉、冷却、筛粉、贮粉、计量包装。其优点是出粉速度快，在大约5s内就可以将喷雾室内的乳粉送走，同时，在输粉管内进行冷却。其缺点是易产生过多的微细粉尘。因气流以20m/s速度流动，所以乳粉在导管内易受摩擦而产生大量的微细粉尘，致使乳粉颗粒不均匀。再经过筛粉机过筛时，则筛出的微粉量过多。另外，这种方式冷却效率不高，一般只能冷却到高于气温9℃左右，特别是在夏天，冷却后的温度仍高于乳脂肪熔点以上。如果气流输粉所用的空气预先经过冷却，则会增加成本。

（2）流化床输粉、冷却 流化床出粉和冷却装置的优点为：

① 乳粉不受高气流的摩擦，可大大减少微细粉；

② 乳粉在输粉导管和旋风分离器内所占比例少，故可减轻旋风分离器的负担，同时可节省输粉中消耗的动力；

③ 冷却床所需冷风量较少，故可使用经冷却的风来冷却乳粉，因而冷却效率高，一般乳粉可冷却到18℃左右；

④ 乳粉因经过振动的流化床筛网板，故可获得颗粒较大而均匀的乳粉；

⑤ 从流化床吹出的微粉还可通过导管返回到喷雾室与浓乳汇合，重新喷雾成乳粉。

（3）其他输粉方式 可以连续出粉的几种装置还有搅龙输粉器、电磁振荡器、转鼓型阀、漩涡气封装置等。这些装置既保持干燥室的连续工作状态，又使乳粉及时送出干燥室外。但是这些出粉设备的清洗干燥很麻烦，而且要立即进行筛粉、晾粉，使乳粉尽快冷却，即便如此，乳粉的冷却速度还是很慢。

2. 筛粉与晾粉

乳粉过筛的目的是将粗粉和细粉（布袋滤粉器或旋风分离器内的粉）混合均匀，除去乳粉团块、粉渣，使乳粉均匀、松散，便于包装。

（1）筛粉 一般采用机械振动筛，筛底网眼为40～60目。在连续化生产线上，乳粉通过振动筛后即进入锥形积粉斗中存放。

（2）晾粉 晾粉不但使乳粉的温度降低，还可使乳粉表观密度提高15%，有利于包装。无论使用大型粉仓还是小粉箱，在贮存时严防受潮。包装前的乳粉存放场所必须保持干燥和清洁。

3. 包装

当乳粉贮放时间达到要求后，开始包装。包装规格、容器及材质依乳粉的用途不同而异。小包装容器常用的有马口铁罐、塑料袋、塑料复合纸袋、塑料铝箔复合袋。规格以 900g、454g、400g 居多。大包装容器有马口铁箱或圆筒 12.5kg 装，有塑料袋套牛皮纸袋 25kg 装，或根据购货合同要求决定包装的大小。一般铝箔复合袋的保质期为 1 年，而真空包装和充氮包装技术可使乳粉质量保持 3～5 年。包装要求称量准确、排气彻底、封口严密、装箱整齐、打包牢固。

每天在工作之前，包装室必须经紫外线照射 30min 灭菌后方可使用。包装室最好配置空调设施，使室温保持在 20～25℃，相对湿度 75%。凡是直接接触乳粉的器具要彻底清洗、烘干灭菌；操作者的工作服、鞋、帽要求清洁，穿戴整齐，消毒后方可进入包装车间。

第三节　婴幼儿配方乳粉加工技术

一、概述

婴幼儿配方乳粉是指以新鲜牛乳为原料，以母乳中的各种营养元素的种类和比例为基准，通过添加或提取牛乳中的某些成分使其不但在数量上、质量上，而且在生物功能上都无限接近于母乳，经配制和乳粉干燥技术制成的调制乳粉。通过添加适量的乳清蛋白、多不饱和植物脂肪酸、乳糖、复合维生素和复合矿物质等，实现乳粉的蛋白质母乳化、脂肪酸母乳化、碳水化合物及矿物质母乳化。

婴幼儿配方乳粉已成为儿童食品工业中最重要的食品之一，在母乳不足或缺乏时，婴幼儿配方乳粉可以作为母乳的替代品。根据婴幼儿出生时间的不同可以将婴幼儿配方乳粉分为：Ⅰ段乳粉（0～6 个月婴儿）、Ⅱ段乳粉（6～12 个月较大婴儿）和Ⅲ段乳粉（12～36 个月幼儿）。

二、婴幼儿配方乳粉的加工工艺

（一）基本工艺流程

婴幼儿乳粉生产工艺与全脂乳粉大致相同，基本工艺过程如图 5-6 所示。水溶性热稳定性维生素（如烟酸、维生素 B_{12}）可在预热时加入；维生素 A 和维生素 D 可以溶入植物油中在均质前加入；热敏性维生素如维生素 B_1 和维生素 C 等，最好混入干糖粉中，在喷雾干燥后加入。其余工艺同普通全脂乳粉的加工。

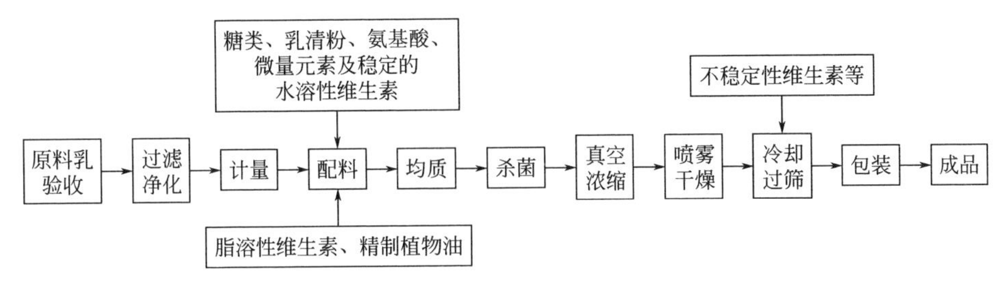

图 5-6 婴幼儿配方乳粉基本工艺流程

(二) 湿法生产婴幼儿配方乳粉

1. 湿法生产工艺

湿法生产婴幼儿配方乳粉工艺流程如图 5-7 所示。

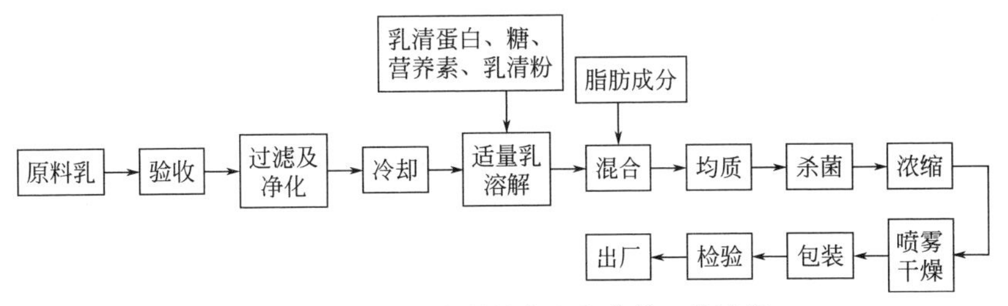

图 5-7 湿法生产婴幼儿配方乳粉工艺流程

2. 工艺要点

① 采用 10℃左右经过预处理的原料乳在高速搅拌缸内溶解乳清粉、糖等配料以及维生素和微量元素。

② 混合后的物料预热到 55℃，再加入脂肪部分，然后进行均质，均质压力为 15～20MPa。

③ 杀菌温度和时间为 88℃，16s。

④ 物料浓缩至 180°Bé。

⑤ 喷雾干燥进风温度为 155～160℃，排风温度为 80～85℃，塔内负压 196Pa。

(三) 干法生产婴幼儿配方乳粉

1. 干法生产工艺

目前婴幼儿配方乳粉的生产大多采用湿法或半干法，需要将大量的粉状配料重新溶解，然后和牛乳及营养添加剂混合进行喷雾干燥，生产周期长，能耗大，成本高。

干法生产是将生产婴幼儿配方乳粉的原料用特殊的干混设备加以混合，然后再包装出厂的一种工艺。优点是省掉了乳清粉等配料重溶在喷雾干燥的耗能过程，节约能源，缩短了生产周期，防止了加热过程对营养强化剂的破坏，既保存了营养又降低了成本。缺点是干法生产的婴儿配方乳粉感官质量欠佳，维生素和微量元素容易混合不均匀，产品的微生物指标不好控制。干法生产的婴幼儿配方乳粉的工艺流程如图 5-8 所示。

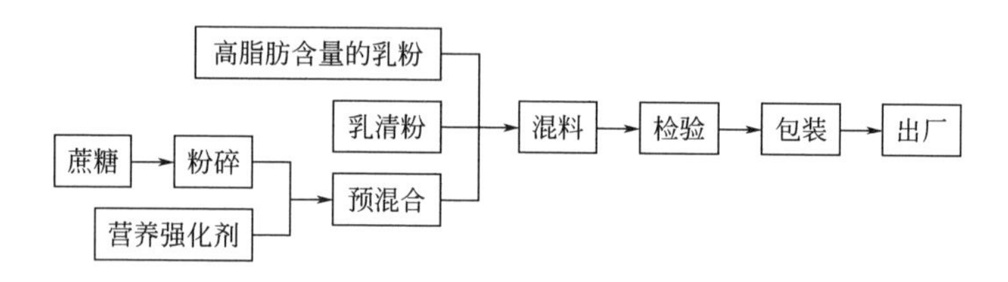

图 5-8 干法生产婴幼儿配方乳粉工艺流程

2. 工艺要点

(1) 原材料的计量和检验　生产前，每一种原料都必须进行感官检验和理化及微生物检验，以确保成品中各项指标合格。

(2) 营养强化剂的预混　由于维生素和微量元素的量较小，一般 1t 产品只需几千克。因此，须先和糖预混以缩小混合比例。但白砂糖应先粉碎至 100 目以上，以保证和其他配料混合均匀。

(3) 混料机的选择和混料车间的环境　混料机一般选用三位混料机，此混料机在自转的同时能进行公转。一方面具有强烈的湍动作用，加速物料的流动和扩散；另一方面具有翻转和平移运动，克服离心力的影响，避免物料出现偏移和聚集。混料车间严格按照良好操作规范（GMP）的标准设计，环境温度应在 20℃以下，相对湿度在 60%以下。

(4) 混料工艺参数控制　料机的装载系数应为 50%～80%，混料时间应为 25～40min，视物料混合的均匀程度而定。

(5) 产品的检验与质量控制　增加中间检验的频次，包括理化指标和营养素，以确保真正混合均匀。

第四节　速溶乳粉生产技术

速溶乳粉是指采用特殊工艺及特殊设备制造，在冷水中就能迅速溶解而不结块的乳粉。

一、速溶乳粉的特点

① 速溶乳粉的溶解性、可湿性、分散性等都获得了极大的改善。当用水冲调复原时能迅速溶解，不结团，即使在冷水中也能速溶，无需先调浆再冲调，使用方便。

② 速溶乳粉的颗粒粗大，一般为100～800μm。

③ 速溶乳粉的颗粒大且均匀，在制造、包装及使用过程中干粉飞扬程度降低，改善了工作环境，降低了损失。

④ 速溶乳粉中所含的乳糖呈水合结晶态，在包装及保藏期间不易吸湿结块。

二、工艺流程

原料乳验收→标准化（脱脂乳无标准化操作）→热处理→浓缩→预热→均质→干燥（喷涂卵磷脂）→成品

三、加工方法

（一）脱脂速溶乳粉生产

1. 一段法

所谓一段法，又称直通法，即不需要基粉，而是在喷雾干燥室下部连接一个直通式速溶乳粉瞬间形成机，连续地进行吸潮并用流化床使其附聚造粒，再干燥而成速溶乳粉。目前采用的方法有干燥室内直接附聚法和流化床附聚法两种。

（1）干燥室内直接附聚法　直接附聚法是指在同一干燥室内完成雾化、干燥、附聚、再干燥等操作，使产品达到标准的要求。

直接附聚法的工作原理是：浓缩乳通过上层雾化器分散成微细的乳滴，与高温干燥介质接触，瞬间进行强烈的热交换和质交换，则雾化的乳滴形成比较干燥的乳粉颗粒。另一部分浓缩乳通过下层雾化器形成相当湿的乳粉颗粒，使湿的乳粉颗粒与上述比较干燥的乳粉颗粒保持良好的接触，并使湿颗粒包裹在干颗粒上。这样湿颗粒失去水分，而干颗粒获得水分而吸潮，以达到使乳粉附聚及乳糖结晶的目的。然后附聚颗粒在热介质的推动及本身的重力作用下，在干燥室内继续干燥并持续地沉降于底部卸出，最终得到水分含量为2%～5%

的大颗粒多孔状产品。

一般采用增高干燥室高度或增大其直径、延长物料的干燥时间、使物料处在较低的干燥温度下等方法达到预期的干燥目的。从工艺角度考虑，一般采用提高浓缩乳的浓度，大孔径喷头压力喷雾，并降低高压泵使用压力，以得到颗粒较大的脱脂速溶乳粉。这种方法简单、经济，但干燥设备必须保证产品有足够的干燥时间，而且两雾化器的相对位置要求很严，干乳粉颗粒流与湿乳粉颗粒流两者的水分含量应有一定要求，否则不利于附聚及乳糖结晶，将直接影响产品质量。

(2) 流化床附聚法　浓缩乳在常规干燥室内经喷雾干燥，获得水分含量10%～12%的乳粉。乳粉在沉降过程中产生附聚，沉降于干燥室底部时仍继续附聚，然后将潮湿且已部分附聚的乳粉自干燥室卸出，进入第一振动流化床继续附聚成为稳定的团粒，然后进入第二段干燥区的流化床及冷却床，最后经筛板成为均匀的附聚颗粒（见图 5-9）。

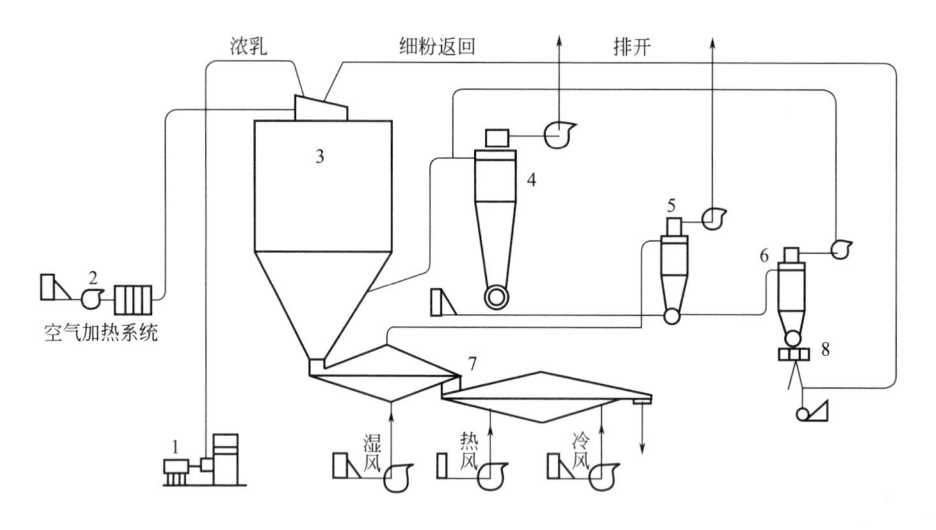

图 5-9　流化床一段法生产速溶乳粉流程图

1—空气加热系统；2—浓乳；3—干燥室；4—主旋风分离器；5—流化床旋风分离器；6—旋风分离器；7—振动流化床；8—集粉器

2. 二段法

又称再润湿法，是指以一般喷雾干燥法生产的脱脂乳粉作为基粉，然后将其送入再润湿干燥器，喷入湿空气或乳液雾滴与乳粉附聚成团粒（这时乳糖开始结晶)，再行干燥、冷却，形成速溶产品（干燥-吸湿-再干燥工艺）。二段法生产脱脂速溶乳粉的流程如图 5-10 所示。

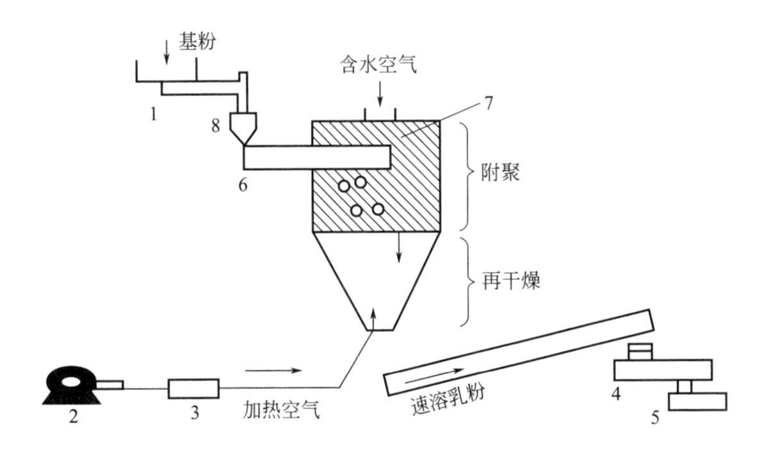

图 5-10　二段法生产速溶乳粉流程图

1—螺旋输送器；2—鼓风机；3—加热器；4—粉碎和筛选机；5—包装机；6—振动筛板；7—干燥室；8—加料斗

先以喷雾干燥法制得的普通脱脂乳粉作为基粉，再经下列工序的处理便可制造成脱脂速溶乳粉：

① 基粉定量注入加料斗，经振动筛板后均匀地洒布于附聚室内，与潮湿空气或低压蒸汽接触，使基粉的水分含量增高至 10%～12%，并使乳粉颗粒相互附聚而颗粒直径增大，随之乳糖产生结晶。

② 已结晶及附聚的脱脂乳粉在流化床，或在与附聚室一体的干燥室内，与温度 100～120℃的热空气接触，再进行干燥，使脱脂乳粉的水分含量达到应有的要求（3.5%左右）。

③ 在振动冷却床上以冷风冷却至一定的温度。

④ 用粉碎机、筛选机进行微粉碎并过筛，使颗粒大小均匀一致，然后进行包装。

（二）全脂速溶乳粉加工技术

1. 加工工艺

全脂速溶乳粉含 25%以上的脂肪，乳粉颗粒或附聚团粒的外表面都有许多脂肪球存在，使颗粒表面游离脂肪增多，由于表面张力的影响，乳粉在水中不易润湿下降，也就不容易在水中溶解，乳粉的可湿性较差，不易达到速溶的要求。所以，全脂速溶乳粉的生产除了要使乳粉颗粒进行附聚外，还要改善乳脂肪的可湿性。一般采用附聚-喷涂卵磷脂法工艺，使全脂速溶乳粉产品质量得到提高。

（1）附聚 采用高浓度、低压力、大孔径喷头，生产颗粒大且附聚颗粒直径较大和颗粒分布频率在一定范围内的乳粉，用以改善乳粉的均匀度和下沉性。

（2）喷涂卵磷脂 卵磷脂是一种既亲水又亲油的表面活性物质，喷涂于乳粉颗粒的表面，可以增强乳粉颗粒的亲水性，改善乳粉颗粒的润湿性、分散性，使乳粉的速溶性大为提高。

2. 卵磷脂喷涂方法

喷涂卵磷脂时主要采用卵磷脂-无水乳脂肪溶液，其组成为60％卵磷脂和40％无水乳脂肪。卵磷脂用量一般占乳粉总干物质的0.2％～0.3％，卵磷脂的喷涂厚度为0.1～0.15μm。若乳粉的脂肪比较多时，可以相应增加卵磷脂用量，但一般不超过0.5％，否则制造出的乳粉会有卵磷脂的味道。为了达到产品既速溶又没有卵磷脂的味道，应尽量控制乳粉中的脂肪含量，以减少卵磷脂的使用量。喷涂装置如图5-11所示。

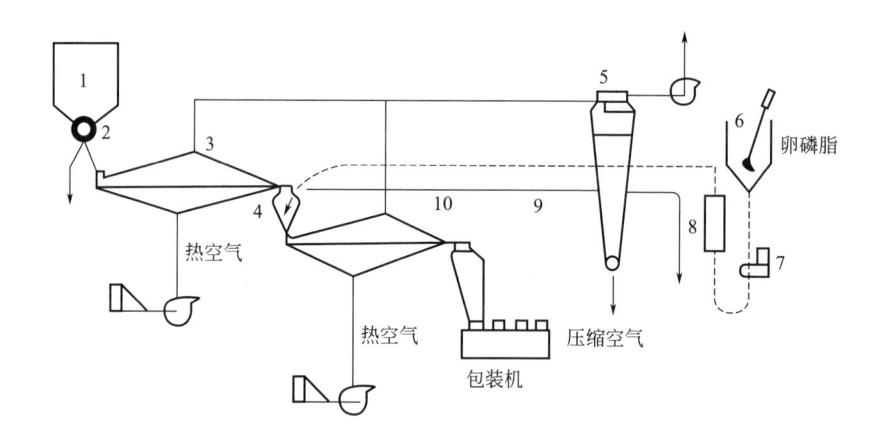

图5-11 喷涂卵磷脂流程

1—贮仓；2—鼓型阀；3—第一流化床；4—喷涂卵磷脂；5—旋风分离器；6—槽；7—泵；8—流量计；9—管道；10—第二流化床

附聚好的全脂乳粉进入贮仓1内，经可调节粉量的鼓型阀2送至第一流化床3，并由此鼓入热空气，其作用一是将乳粉预热，为涂布卵磷脂做准备，二是将乳粉在贮存和输送过程中从附聚团粒上脱落下来的细粉吹掉。然后进入喷涂装置4，喷涂卵磷脂。熔化好的卵磷脂溶液，由槽6经泵7通过流量计8，被管道9内的压缩空气以气流喷雾方式喷入喷涂装置4内，完成卵磷脂的喷涂过程。然后进入第二流化床10，使卵磷脂涂布均匀一些，并再一次去除细粉。由附聚颗粒掉下来的细粉经旋风分离器5排出。喷涂过卵磷脂的成品直接送入包装机。产品应采用充氮包装，罐内含氧量不超过2%。

3. 基粉的要求

全脂乳粉的速溶加工过程是从基粉开始的，基粉除了要达到普通乳粉的标准外还要达到下列要求。

① 游离脂肪的含量要尽量低，这可通过在雾化前对浓缩乳进行均质来实现。

② 颗粒的密度要尽可能高，以增加沉降性，因此需要使用高浓度的浓缩乳以使包埋在乳粉颗粒的空气含量达到最小值。将进风温度升高到170～180℃也可以增加乳粉颗粒的密度。

③ 乳粉颗粒应该是多孔附聚物，不能有细粉。绝大部分乳粉颗粒的直径应该为100～250μm，低于90μm的颗粒不应超过15%～20%。容积密度应该在0.45～0.50g/cm^3的范围内。为了达到这一要求，乳的浓缩度要高，雾化过程中要使用与干燥能力相适应的最低雾化速度。这种工艺条件会产生大颗粒的乳粉，从而延长干燥的时间，使得没有干燥完全的乳粉混合在一起的机会增多。为了克服干燥时间长的缺点，应该采用二级或三级干燥工艺，使干燥室内的温度比一级干燥温度低，得到的产品游离脂肪酸含量较低。

第五节　乳粉生产和贮藏中的品质变化

在室温和低水分的条件下，乳粉产品的各种化学反应进行得非常缓慢，乳粉的营养价值即使经几年的贮存，也不会受到大的影响。但是乳粉特别是婴幼儿乳粉，在生产和保藏期间，因化学反应会引起外观、口感及风味上的变化，保藏时间越长，这种变化就越大。

一、蛋白质

预热阶段，乳清蛋白变性特别是β-乳球蛋白可与酪蛋白胶粒形成复合物。β-Lg通过二硫键与牛血清白蛋白形成聚合物，α-La则通过疏水作用形成聚合物。

预热过程的升温速度影响乳清蛋白的相互作用。较慢的间接加热有利于乳清蛋白的相互作用，乳清蛋白的变性程度要比快速直接加热高；快速直接加热有利于乳清蛋白与酪蛋白胶粒的相互作用。另外，乳粉在25～37℃中保藏1年，有效氨基酸的含量降低8%～15%。

二、脂肪

全脂乳粉在贮存期间易酸败或氧化。脂肪分解产生酸败味，为了防止这一缺陷，要控制原料乳的微生物数量，同时杀菌时将解脂酶彻底灭活；脂肪氧化产生氧化味（哈喇味），添加抗氧剂和在包装中充入惰性气体，可以延长保存期。

三、乳糖

20℃时，α-乳糖∶β-乳糖为37∶63，温度升高，β-乳糖降低。喷雾干燥过程中，由于水分的快速蒸发，乳糖以无水的非结晶的无定形玻璃态存在，这一状态的乳糖吸湿性较强。吸潮后，乳糖变为含有1分子结晶水的结晶乳糖，并以多种形式结晶，同时伴随着水分的释放，使蛋白质彼此黏结而导致乳粉结块、塑化和其他反应。乳糖的结晶，使乳粉颗粒表面产生很多裂纹，这时脂肪就会逐渐渗出，同时外界空气也容易渗透到乳粉颗粒中，引起氧化。

因此，乳粉应保存在密封容器里，开封食用后也要注意密封或尽快食用完。可利用乳糖的结晶特性来生产速溶乳粉，即在喷雾干燥前的浓乳中添加小的乳糖晶体（晶种），并在低温下放置一段时间，促进乳糖结晶，然后喷雾得到的乳粉中的乳糖就会呈结晶状态，而非玻璃状态，这种乳粉的溶解性好，且在贮藏中也不易吸潮结块。生产速溶乳粉的工艺中，有时把喷雾后的乳粉，令其吸潮，使乳糖进行结晶，然后干燥制成速溶乳粉，如附聚工艺。

在乳糖预结晶的乳粉中，乳糖以斧状的α-异构体晶体形式存在，而后结晶的产品中（指乳粉储存过程中吸湿结晶），乳糖主要以针状的β-异构体存在。乳粉贮存中，乳糖会降解，形成半乳糖、乳酮糖、塔格糖。

四、矿物质

中高温条件下预热，大量的磷酸钙沉淀。蒸发过程中，乳糖和盐类浓度升高，导致部分可逆的可溶性磷酸钙向胶体形式转变，从而导致pH值下降，转变的程度取决于温度。

在还原的脱脂乳粉中，可溶性钙和磷较原乳中低，这是由于在干燥过程中可溶性钙、磷不可逆地向胶体转变。乳的预热和浓缩乳的加热可降低 Ca^{2+} 活度，在乳粉贮存及还原过程中，可溶性 Ca^{2+} 活度会缓慢增加。

五、维生素

保藏期间如温度过高或受日光照射，维生素损失很大，如维生素 B_1 损失约 10％，维生素 B_6 损失约 35％，维生素 C 损失 50％以上。

六、微生物

水分＜5％的乳粉经密封包装后，一般不会有细菌繁殖，因此，正常乳粉不会因细菌而引起变质。干燥本身也可减少活菌数量，通常，对热不稳定的微生物在干燥过程中不能存活，但通过干燥不可能杀死所有的细菌。

乳粉中残留的细菌一般为乳酸链球菌、小球菌、乳杆菌及耐高温的芽孢杆菌等，打开包装后乳粉会吸潮，当水分含量＞5％时，这些微生物开始繁殖和代谢，使乳粉变质变味。因此，乳粉一经开封，应尽快吃完，避免放置过长。

七、棕色化

水分含量 5％以上的乳粉贮藏时会发生羰-氨基反应产生棕色化，高温可加速这一变化。

第六节 乳粉加工的质量控制

一、影响乳粉加工质量的因素

（一）原料的影响

原料乳的质量会对乳粉产生影响，包括酸度和微生物的数量，而且通过酸度的间接作用也会影响溶解度。原料乳的微生物指标对乳粉的质量有直接或间接的影响。直接的影响是原料乳中的微生物如果在加工过程中没有被杀死就会出现在乳粉中。在这种情况下通常是嗜热或耐热的微生物发生残留。即使其他微生物能够控制在允许范围内，耐热微生物仍然会在生产过程中存活下来，并且导致乳粉的微生物含量上升。

原料乳中微生物的数量和类型间接地影响了乳粉的质量。刚挤出来的牛乳的自然酸度非常低，其滴定酸度为0.15%～0.17%。挤奶到加工这一时间段，牛乳中乳酸的含量会上升。酸度上升会对最终产品造成严重的影响。不仅使滴定超过允许的范围，而且影响产品的溶解性。乳酸含量的升高会导致 H^+ 浓度的增加，从而导致加工过程中蛋白质稳定性的破坏。在牛乳的浓缩过程中，酸度会增大，因为滴定酸度与浓度的上升成正比。酸度有可能上升到严重影响蛋白质热稳定性的水平，从而导致乳粉的溶解性不良。

（二）加工条件的影响

加工过程中有许多因素对乳粉的特性有不同的影响，如浓缩乳中的预热、乳固体含量高，离心式喷雾干燥时转盘的转速、喷雾角、干燥温度、干燥方法等。

1. 乳糖的分解

乳糖的分解和有机酸的产生，导致了乳的滴定酸度的增加和 pH 的降低，使蛋白质不稳定。乳清蛋白的变性引起乳粉的功能特性发生改变，变性乳清蛋白与酪蛋白胶束反应、酪蛋白胶束聚集、酪蛋白脱磷酸作用、胶体磷酸盐作用能够在后阶段加热过程中提高稳定性。乳糖和蛋白质的美拉德反应，引起了赖氨酸的丢失，乳呈棕色，产生不良风味。活性巯基团的出现，延缓脂肪的氧化和产品出现“蒸煮味”。

2. 浓缩乳中的乳固体含量

若维持其他参数不变，则浓缩乳的乳固体含量越高，产品的水分含量就越高。一般来讲，浓缩乳固体每增加1%，相应产品水分含量就要增加0.2%，这是因为液滴表面干燥过于迅速，使表面变硬，内部水分很难扩散到表面，也降低了乳粉的溶解性能。若降低了浓缩乳固体含量，则会增加浓缩乳的起泡性，从而使乳粉颗粒中包埋一定量的空气，降低了乳粉的密度。由于脂肪含量不同，全脂浓缩乳的起泡性要比脱脂浓缩乳的起泡性差一些。

3. 离心转盘的转速

离心转盘的转速越高，浓缩乳雾化的细小液滴就越小，相应地就更有利于水分的蒸发，而且能改善乳粉的可溶性和提高乳粉的密度。但离心转盘的转速过高也是不可取的，因为一方面增加了能耗，另一方面雾化液滴过于细小会影响产品的溶解度。

4．浓缩的影响

如果浓缩前没有钝化脂肪酶，在浓缩时脂肪就会受到一定程度的破坏。脂肪发生分解反应，分裂成许多小的脂肪球。浓缩的同时还可以除去牛乳中已溶的气体和不稳定的不良风味。

5．干燥温度

一般来讲，进风温度为180～200℃，而排风温度为75～95℃。如果浓缩乳固体含量较低，就需要提高进风温度，由此带来的不良影响是乳粉水分含量更高（进风温度每升高10℃，则相应乳粉水分增加0.2%），升高排风温度则可以避免上述情况发生。但是如果进风温度和排风温度过高，在液滴干燥过程中易结一层硬壳，阻碍水分的扩散和蒸发，内部水分仍不断受热膨胀，最终导致产品颗粒内气泡增多，增加乳粉的体积，减小乳粉的密度，降低乳粉的可溶性。

在维持其他参数不变的情况下，降低排风温度也会导致产品水分含量升高，一般排风温度每降低5℃，产品水分含量就增加1%左右。较低的排风温度有利于乳粉中各种营养成分的保留，也有利于乳粉颗粒间的附聚。但过低的排风温度是不可取的，这样不仅会使产品水分含量过高，导致产品不合格，乳粉还会黏附在干燥塔内壁上难以清除。

6．喷雾角

喷雾角是指浓缩乳从喷头喷出时液滴所形成的中空锥形角度，一般喷雾角控制在60°到70°为宜。喷雾角较小时，液滴平均直径较大，当喷雾角过小使液滴的平均直径过大时，就容易产生潮粉。喷雾角较大时，液滴平均直径较小，当喷雾角过大使液滴平均直径过小时，就会使乳粉颗粒过于细小，色泽较差且对乳粉的溶解不利。

二、乳粉常见的质量问题及分析

（一）乳粉的脂肪氧化味

1．乳粉中脂肪的状态

乳粉颗粒中脂肪的状态因干燥的方法不同而异。滚筒干燥的乳脂肪球直径大多为1～7μm，但大小范围幅度较大，少量脂肪球直径可达几十微米。在喷雾干燥过程中，脂肪球在机械力或离心力的作用下直径变小。压力喷雾干燥制得的乳粉脂肪球直径一般为1～2μm，离心喷雾干燥制得的乳粉脂肪球直径一般为1～3μm。

喷雾干燥制得的乳粉脂肪呈球状，且存在于乳粉颗粒内部。而滚筒干燥法生产的乳粉由于脂肪球受到机械力的摩擦作用，脂肪球彼此聚积成大团块，大多集中在乳粉颗粒的边缘。喷雾干燥乳粉中游离脂肪占脂肪总量的3.0%～14.0%，而滚筒干燥乳粉中游离脂肪占总脂肪含量的91%～96%。

2. 影响乳粉游离脂肪含量的因素

① 喷雾干燥前浓缩乳若采用二级均质法，可使乳粉中游离脂肪含量下降。

② 在出粉及乳粉输送过程中，应避免高速气流的冲击和机械擦伤。干燥后的乳粉应迅速冷却，采用真空包装或抽真空灌惰性气体的密封包装。产品应贮存于适宜的温度下，这样可防止游离脂肪酸的增加；否则即使是质量较好的乳粉，因处理和贮存不当，也会使游离脂肪酸的含量大大增加。

③ 当乳粉水分含量增加到8.5%～9.0%时，因乳糖的结晶促使游离脂肪酸增加。

3. 乳粉脂肪氧化味产生的原因及防止措施

乳粉脂肪氧化味产生的原因是乳粉的游离脂肪酸含量高，引起乳粉的氧化变质而产生氧化味；乳粉中脂肪在解脂酶及过氧化物酶的作用下，产生游离的挥发性脂肪酸，使乳粉产生刺激性的臭味；乳粉贮存环境温度高、湿度大或暴露于阳光下，易产生氧化味。

防止措施包括严格控制乳粉生产的各种工艺参数，尤其是牛乳的杀菌温度和保温时间，必须使解脂酶和过氧化物酶的活性丧失，严格控制产品的水分含量在2.0%左右，保证产品包装的密封性，产品贮存在阴凉、干燥的环境中。

（二）乳粉的色泽较差

正常的乳粉一般呈淡黄色。如果原料乳酸过高而加入碱中和后，所制得的乳粉色泽较深，呈褐色；若牛乳中脂肪含量较高，则乳粉颜色较深；若乳粉颗粒较大，则颜色较黄；乳粉颗粒较小，则颜色呈灰黄；空气过滤器过滤效果不好，或布袋过滤器长期不更换，会导致回收的乳粉呈暗灰色；乳粉生产过程中，物料热处理过度或乳粉在高温下存放时间过长，会使产品色泽加深；乳粉水分含量过高，或贮存环境的温度和湿度较高，易使乳粉色泽加深，严重的甚至产生褐变。

（三）乳粉颗粒的形状和大小及影响因素

1. 乳粉颗粒的形状、大小

乳粉颗粒的形状取决于干燥方法。滚筒干燥法生产的乳粉颗粒呈不规则的片状，且不含有气泡；而喷雾干燥法生产的呈球状，可单个存在或几个粘在一起呈葡萄状。一般压力喷雾法生产的乳粉颗粒直径较离心喷雾法生产的乳粉颗粒直径小。压力喷雾干燥法生产的乳粉，其颗粒直径为10～100μm，平均为45μm；而离心喷雾干燥法生产的乳粉，其颗粒直径为30～200μm，平均100μm。

2. 影响乳粉颗粒形状及大小的因素

① 雾化器出现故障，将有可能影响到乳粉颗粒的形状。

② 干燥方法不同，乳粉颗粒的平均直径及直径的分布状况亦有所不同。

③ 同一干燥方法，不同类型的干燥设备，所生产的乳粉颗粒直径亦不同。例如压力喷雾干燥法中，立式干燥塔较卧式干燥塔生产的乳粉颗粒直径大。

④ 浓缩乳的干物质含量对乳粉颗粒直径有很大的影响。在一定范围内，干物质含量越高，则乳颗粒直径就越大，所以在不影响产品溶解度的前提下，应尽量提高浓缩乳的干物质含量。

⑤ 压力喷雾干燥中，高压泵压力的大小是影响乳粉颗粒直径大小因素之一。使用压力低，则乳粉颗粒直径大，但不影响干燥效果。

⑥ 离心喷雾干燥中，转盘的转速也会影响乳粉颗粒直径的大小。转速越低，乳粉颗粒的直径就越大。

⑦ 喷头的孔径大小及内孔表面的粗糙度状况也影响乳粉颗粒直径的大小及分布状况。喷头孔径大，内孔粗糙度高，则得到的乳粉颗粒直径大，且颗粒大小均一。

（四）乳粉水分含量过高

乳粉具有一定的水分含量，大多数乳粉的水分含量都在2%～5%。水分含量过高，将会促进乳粉中残存的微生物生长繁殖，产生乳酸，从而使乳粉中酪蛋白发生变性而变得不可溶，这样就降低了乳粉的溶解度。当乳粉水分含量提高至3%～5%时，贮存一年后乳粉的溶解度下降，当乳粉水分含量提高至6.5%～7%，贮存一小段时间后，其中的蛋白质就可能完全不溶解，有陈腐味，同时产生褐变。但乳粉水分含量也不宜过低，否则引起乳粉变质而产生氧化臭味，一般喷雾干燥生产的乳粉当水分含量低于1.88%时就易引起这种缺陷。

乳粉水分含量过高的原因包括喷雾干燥过程中进料量、进风温度、进风量、排风温度、排风量控制不当。雾化器因阻塞等，雾化效果不好，导致雾化后乳滴太大而不易干燥；乳粉包装间的湿度相对偏高，使乳粉吸湿水分含量上升。包装间的空气相对湿度应控制在50%～60%；乳粉冷却过程中，冷风湿度太大，从而引起乳粉水分含量升高；乳粉包装封口不严或包装材料本身不密封等也会造成乳粉水分含量过高。

（五）溶解度偏低

乳粉溶解度是指乳粉与一定量的水结合后，能够复原成新鲜牛乳状态的性能。乳粉的溶解度的高低反映了乳粉中蛋白质的变性程度。溶解度低，说明乳粉中含蛋白质变性量大，冲调时变性的蛋白质就不可能溶解，或黏附于容器的内壁，或沉淀于容器的底部。

导致乳粉溶解度下降的原因主要有以下六方面：原料乳质量差，混入了异常乳或酸度高的牛乳；蛋白质稳定性差，受热容易变性，牛乳在杀菌、浓缩或喷雾干燥过程中温度偏高，受热时间过长，引起牛乳蛋白质受热过度而变性；喷雾干燥时雾化效果不好，乳滴过大，干燥困难；牛乳或浓缩乳在较高温度下长时间放置会导致蛋白质变性；乳粉的贮藏条件及时间对其溶解度也会产生影响，当乳粉贮藏于温度高、湿度大的环境中，其溶解度会有所下降；不同的干燥方法生产的乳粉溶解度亦有所不同。一般来讲，滚筒干燥方法生产的乳粉溶解度较差，仅为70%～85%，而喷雾干燥生产的乳粉溶解度可达到99.0%以上。

（六）乳粉结块

乳粉极易吸潮而结块，这主要与乳粉中含有乳糖及其结构有关。一般乳粉中其乳糖呈非结晶的玻璃态，其中α-乳糖与β-乳糖之比为1∶1.5，两者保持一定的平衡状态。非结晶状态的乳糖具有很强的吸湿性，吸湿后则生成含1分子水的结晶乳糖。

造成乳粉结块的原因在于，在乳粉的整个干燥过程中，因操作不当而造成乳粉水分含量普遍偏高或部分产品水分含量过高。在包装贮存过程中，乳粉吸收空气中的水分，导致自身水分含量升高而结块。

（七）杂质度过高

原料乳净化不彻底。生产过程中受到二次污染。干燥时热风温度过高，导致风筒周围产生焦粉。分风箱热风调节不当，产生涡流，使乳粉局部受热过度而产生焦粉。

（八）细菌总数过高

原料乳污染严重，细菌总数过高，杀菌后残留量太多。杀菌温度和时间没有严格按照工艺条件的要求进行。板式换热器垫圈老化破损，使生乳混入杀菌乳中。生产过程中，受到二次污染。

三、影响乳粉速溶的因素与改善方法

（一）影响乳粉速溶的因素

① 乳粉能够被水润湿，因为水分可以通过虹吸作用被吸在乳粉颗粒之间的空隙中。乳粉的润湿性可以通过乳粉、水、空气三相体系的接触角测定出来，如果接触角小于90°，那么乳粉颗粒就能够被润湿。干燥的脱脂牛乳的接触角一般在20°左右，全脂乳粉的接触角为50°左右。全脂乳粉的接触角可能会大于90°，这时水分不能够渗入到乳粉块的内部或者仅仅能够局部的渗入。

② 水分子对于乳粉的渗透率和乳粉之间的空隙大小有关，乳粉颗粒越小，孔隙就越小，渗透就越慢。如果乳粉颗粒的直径大小并不均一，小的颗粒可以填在大的颗粒的间隙之间，也会产生小的孔隙。

③ 渗透到乳粉内部的水分也可以因为毛细管作用将乳粉颗粒粘在一起，导致乳粉颗粒之间的空隙变小。毛细管的收缩作用可以将乳粉的体积减少30%～50%，蛋白质的吸水膨胀也会导致空隙变小，特别是在蛋白粉中。

④ 乳粉中的一些成分，例如乳糖，溶解后会产生很高的黏度，从而阻碍了水分的渗透，导致水分无法渗透到乳糖内部，乳粉会形成内部干燥外部湿润高度浓缩的乳块。

⑤ 乳粉的其他性质也会产生影响。例如连接在一起的乳粉颗粒在彻底润湿后是否能够很快地分开，以及乳粉颗粒的密度是否会使颗粒下沉等。

（二）改善乳粉速溶的方法

速溶乳粉的生产过程中一方面改善乳粉的润湿性，另一方面需要改变乳粉颗粒的大小，可以通过附聚的办法来解决，当乳粉颗粒还没有完全干燥时，它们之间会粘在一起。利用这一特点可以让湿乳粉粒相互碰撞，然后发生附聚，附聚颗粒的直径通常可以达到1mm，此时乳粉间的空隙也会变大。

第六章

干酪加工技术

第一节 概　　述

联合国粮农组织（FAO）和世界卫生组织（WHO）制定了国际上通用干酪定义：干酪是以牛乳、稀奶油、部分脱脂乳、酪乳或这些产品的混合物为原料，经凝乳酶或其他凝乳剂凝乳，并排除乳清而制得的新鲜或发酵成熟的乳制品。制成后未经发酵成熟的产品称为新鲜干酪，经长时间发酵成熟而制成的产品称为成熟干酪。

一、干酪的分类

干酪的种类繁多，分类也异常复杂，尚无统一且被普遍接受的分类办法。目前，比较粗略的分类方式是将干酪分为天然干酪、再制干酪和干酪食品三大类。详见表 6-1 所示。

表 6-1　干酪的分类

<table>
<tr><th>干酪分类</th><th>定义</th><th colspan="2">细分类型</th></tr>
<tr><td rowspan="4">天然干酪</td><td rowspan="4">天然干酪是以乳、稀奶油、部分脱脂乳、酪乳或混合乳为原料，经凝固后，排除乳清而获得的新鲜或成熟的产品</td><td>凝乳方式不同</td><td>凝乳酶凝乳干酪、酸凝乳干酪、凝乳酶酸混合凝乳干酪、浓缩或结晶处理的干酪等</td></tr>
<tr><td>成熟过程不同</td><td>新鲜干酪、成熟干酪等</td></tr>
<tr><td>成熟方式不同</td><td>细菌成熟干酪、霉菌成熟干酪</td></tr>
<tr><td>水分含量不同</td><td>特硬干酪、硬质干酪、半硬质干酪和软质干酪等</td></tr>
<tr><td>再制干酪</td><td colspan="3">再制干酪又称融化干酪，是以 1 种或 2 种不同成熟度的天然干酪为主要原料，经粉碎后添加乳化剂、稳定剂熔化而成的制品，含乳固体 40%以上</td></tr>
<tr><td>干酪食品</td><td colspan="3">干酪食品是用 1 种或 1 种以上的天然干酪或再制干酪，添加食品卫生标准所规定的添加剂，经粉碎、混合、加热熔化而成的产品，产品中干酪数量需占 50%以上</td></tr>
</table>

二、干酪的成分和营养价值

（一）干酪的成分

1. 水分

成品干酪因其种类不同含有不同的水分，特硬质干酪的水分含量在30%～35%，硬质干酪的水分含量在30%～40%，半硬质干酪的水分含量在38%～45%，软质干酪的水分含量在40%～60%。干酪中的水分会影响干酪的发酵速度、形态和组织结构等特征。当干酪含水量较高时，其酶作用迅速，发酵时间短，形成的产品易具有刺激风味；水分含量较低时，发酵时间则相应延长，产生较好的脂类风味。

2. 脂肪

原料乳中的脂肪含量可决定干酪的收率、组织形态和产品质量。干酪中的脂肪含量一般可占干酪总固形物含量的45%以上，其主要风味即来源于脂肪的分解产物。

3. 蛋白质

干酪中主要蛋白质有酪蛋白、白蛋白和球蛋白。酪蛋白是干酪在成熟过程中形成凝乳的主要蛋白质，酪蛋白形成的凝乳包裹脂肪球，形成干酪的组织，相关的微生物也可将酪蛋白分解，形成水溶性的含氮化合物。白蛋白和球蛋白不参与蛋白质的凝乳作用，在成熟过程中被包裹在凝块中，易形成软质凝块，给酪蛋白的凝固带来不良影响。

4. 乳糖

原料乳中的乳糖是发酵剂的重要营养素，含量很低，但对发酵剂的生长至关重要。原料乳中的乳糖在干酪生产过程中大多会转移到乳清中，残存的部分乳糖可促进乳酸发酵，形成的乳酸可抑制杂菌生长，并与发酵剂中的蛋白酶共同作用使干酪成熟；部分乳糖分解所形成的羰基化合物也是干酪风味的组成成分之一。

5. 无机物

原料乳中含有较高的无机物包括钙和磷。钙可以促进凝乳酶的凝乳作用，加快凝块的形成，同时还是某些乳酸菌生长所必需的营养素。

（二）干酪的营养价值

干酪是一种固态或半固态乳制品，属于一种浓缩乳制品，其营养成分较原料乳含量高，主要的营养成分包括蛋白质和脂肪，同时含有维生素、乳糖、无机物等，其中钙磷含量丰富，是人体形成骨骼、牙齿以及在某些生理方面起重要作用的营养素，所含维生素以维生素A含量最丰富，其次是B族维生素等。

第二节 干酪发酵剂

一、干酪发酵剂的种类

在制造干酪的过程中，用来使干酪发酵与成熟的特定微生物培养物称为干酪发酵剂。根据其中微生物种类的不同可将干酪发酵剂分为霉菌发酵剂和细菌发酵剂两大类。

霉菌发酵剂主要是指对脂肪分解能力强的坎培波尔特青霉、干酪青霉、娄地青霉等。某些酵母，如马克西努克鲁维氏酵母菌等也在一些品种的干酪中得到应用。

细菌发酵剂主要是以乳酸菌为主，应用的主要目的在于产酸和参与产品后期成熟过程产生相应的风味物质。主要有乳酸球菌属、乳酸杆菌属、嗜热链球菌属、明串珠菌属、片球菌属、肠球菌属的种或亚种及变种等。表6-2为干酪发酵剂微生物及制品。

表6-2 干酪发酵剂微生物及制品

发酵剂微生物		使用制品
一般名	菌种名	
乳酸球菌	嗜热链球菌、乳酸链球菌、乳油链球菌、粪链球菌	各种干酪，产酸及风味干酪，契达干酪
乳酸杆菌	乳酸杆菌、干酪乳杆菌、嗜热乳杆菌	瑞士干酪，产酸及风味干酪
丙酸菌	丙酸菌	瑞士干酪
青霉菌	青霉菌	砖状干酪、林堡干酪
酵母菌	解脂假丝酵母菌	青纹干酪、瑞士干酪
曲霉菌	米曲霉、卡门培尔干酪青霉	法国绵阳奶干酪、法国卡门培尔干酪

二、干酪发酵剂的作用

发酵剂依据其菌种的组成、特性及干酪的生产工艺条件，主要有以下作用。

1. 发酵乳糖产生乳酸

制造干酪时，凝乳之前在原料乳中添加一定量的发酵剂，产生的乳酸使乳中可溶性钙的浓度升高，为凝乳酶创造良好的酸性环境，促进凝乳酶的凝乳作用；乳酸还可促进凝块的收缩，产生良好的弹性，利于乳清的渗出，赋予制品良好的组织状态；一定浓度的乳酸以及有的菌种产生的抗生素，可以较好地抑制产品中污染杂菌的繁殖，保证成品的品质。

2. 形成干酪特有的风味

乳酸菌发酵剂可以分为两种类型：一种是发酵乳糖产生乳酸；另一种是发酵柠檬酸产生多种化合物。前者产生的乳酸，可以调节酸度，有利于菌体胞内酶、胞外酶分解蛋白质、脂肪等产生风味物质；后者产生的多种化合物中有许多是风味物质（如乙醛、双乙酰等）。

3. 提高制品营养价值

发酵剂中的某些微生物可以产生相应的分解酶分解蛋白质、脂肪等物质，从而提高制品的营养价值和消化吸收率。

4. 产生孔眼特征

因丙酸菌的丙酸发酵使乳酸菌所产生的乳酸还原，产生丙酸和二氧化碳气体，在某些硬质干酪中产生特殊的孔眼特征。

三、干酪发酵剂的制备

干酪生产过程使用的发酵剂主要有两种方式，一种是将原有的新鲜发酵剂扩大培养后直接投入原料中进行干酪生产，称为生产发酵剂。另一种是采用冷冻或冷冻干燥方法将发酵剂制成具有一定活菌数量的浓缩物（可以通过专门的发酵剂生产商加工完成），直接投放到原料乳中进行干酪生产，称为直投式发酵剂。

（一）发酵剂生产流程

干酪发酵剂的生产流程（图 6-1）主要包括：准备培养基、菌种接种、人工控制下培养、浓缩、冷冻、干燥和包装。

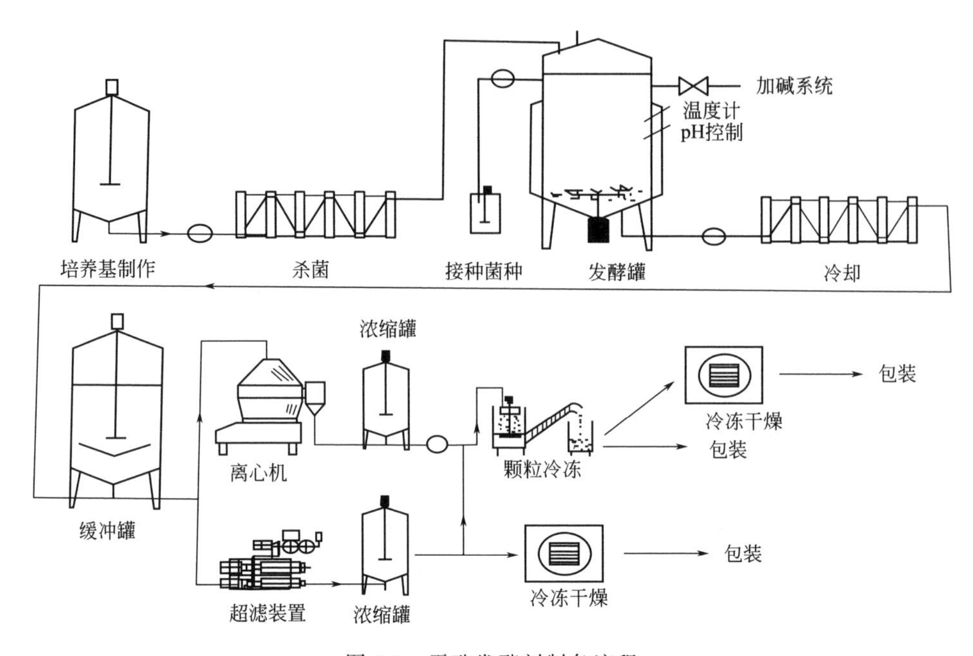

图 6-1 干酪发酵剂制备流程

（二）操作要点

1. 准备培养基

培养基的处理非常重要，首先要选择正确的培养基，一般原则上选择与生产乳制品原料相同或类似的培养基。干酪生产主要使用乳酸菌发酵剂，它的培养基可选择全脂乳、脱脂乳、复原脱脂乳等。这些用作培养基的原料乳应使用新鲜优质的牛乳，不得使用乳腺炎乳、细菌污染乳，含抗菌物质、防腐剂或杀菌剂的牛乳及脂肪酶作用强的牛乳（由脂肪酶作用所产生的脂肪分解物能抑制微生物），乳固体含量少的牛乳、有异常臭味的牛乳及噬菌体污染乳等。

培养基使用较多的是脱脂乳或复原脱脂乳，采用高温喷雾干燥的乳粉适合作培养基。同时一般培养基的乳固形物含量越高，其缓冲作用越大，形成的凝块越好，这可提高发酵剂的产酸能力并能提高发酵剂的活性。在选择了合适的培养基后，还要预先杀菌来破坏抑菌物质。培养母发酵剂用的培养基要经高压灭菌或间歇灭菌，至达到完全灭菌。培养工作发酵剂的培养基，至少经过

90℃、60min 或 100℃、30～60min 杀菌。

2. 菌株接种

在制备发酵剂时，接种量往往因培养基的量、菌种种类与活性、培养时间、温度等而异。乳酸菌发酵剂的接种量一般为脱脂乳的 0.5%～1.0%。当初始发酵活性低，制备时培养温度低，生产上要求迅速制备时，则必须采用大接种量。

3. 人工控制下培养

培养过程有三个控制点，分别是时间、温度和 pH。培养时间和温度取决于发酵剂中的微生物的活性，产酸产香、凝块形成能力等。控制 pH 是为了中和乳酸，用来获得高浓度的菌体细胞。pH 主要靠加入碱液（如 NaOH、$NH_3 \cdot H_2O$）来调节，在发酵罐上连有加碱系统。

嗜温性菌种的培养条件为 20～30℃、pH6.0～6.3；嗜热性菌种则是 35～38℃或者在更高温度下培养，pH 控制在 5.5～6.0。

培养时间取决于培养温度及接种量，在工业生产上由于要考虑与其他制造工段的指标，通常接种量为 1%，多采用 25℃、14～16h 的培养条件。

4. 培养后处理

培养后的乳酸菌发酵剂滴定酸度达到约 0.7%时，即可停止培养迅速冷却，然后将培养好的菌种进行冷冻或者干燥保存。

四、干酪发酵剂的质量要求及防止方法

（一）发酵剂质量要求

为制备可长期使用的发酵剂，质量一定要稳定，必须符合如下要求：凝块有适当的硬度，均匀而润滑，有弹性，组织均匀一致，表面无变色、龟裂、气泡及明显乳清分离现象；有良好的风味及酸味，无腐败味、苦味、饲料味和酵母味等异味；将凝乳完全搅碎时，质地均匀润滑、稍有黏性、不含块状物；适量接种的菌株在规定时间内凝固，无延时，活力实验时各项指标均符合要求，活性无波动。

（二）发酵剂质量缺陷及防止方法

发酵剂的质量缺陷主要包括产酸量低、风味生成不足、乳清分离、气体生成、黏丝性、有异味等。

1. 产酸量低

发酵剂产酸量低可认为是杂菌污染、异常乳、含防腐剂及杀菌剂、含抗菌物质、噬菌体污染等引起的。防止的办法是将发酵剂的培养基进行彻底的灭菌，严格管理菌种的接种及培养，同时要对培养设备进行彻底的消毒和清洗。

2. 风味不足

当培养基的 pH 为酸性时，丁二酮才开始生产，所以产酸不足也是风味生成不足的原因之一。当与风味产生有关的产香菌如丁二酮乳链球菌被噬菌体感染后，会造成风味形成严重不足，为了防止风味产生缺陷，要根据具体原因采取适当措施。

3. 乳清分离

乳清分离现象多发生在乳固体含量低、杀菌温度低、发酵剂接种量小、酸度低及酒精阳性乳的情况下。由于杂菌污染，也发生乳清分离，一般由于培养基成分缺陷发生的乳清分离，并不重要。

4. 菌种产生

使用产气的发酵剂制造干酪会产生异常的干酪死眼及膨胀。主要的原因是污染了大肠菌群、丁酸菌及乳糖发酵性酵母等，这些微生物由于原料乳杀菌不彻底和原来的发酵剂污染而增殖。防止方法是：培养基要彻底杀菌及慎重管理发酵剂，除去原料乳的铁可以抑制大肠菌群及丁酸菌产气。

另外用作发酵剂的明串珠菌也会产生气体；由于菌株间的差异，部分野生菌株产气能力较强；丁二酮链球菌也存在类似的菌株，它可在制造农家干酪时出现凝乳上浮的缺陷。对于这样的菌株，可预先用简单方法检查气体生成量，最好不要使用产气能力强的野生菌株来制备发酵剂。

5. 黏丝性

可在牛乳和乳制品中繁殖的有黏丝性的菌非常多，特别是由黏性产碱杆菌和部分大肠菌以及微球菌引起的黏丝性，可添加氯化锂抑制。最好采取彻底的杀菌措施，杀灭杂菌；另一方面乳酸菌发酵剂中引起黏丝性的菌株较多，只要不造成其他缺陷一般不会产生太大的负面影响，反而可以利用这种性质制造稠厚、无乳清分离的发酵剂。

6. 异常风味

发酵剂的异常风味中，常出现有乳酸菌分解蛋白质后产生的苦味，产麦芽味乳酸链球菌产生的麦芽味，乳酸菌发酵剂产生的青草味，酵母菌污染产生的酵母味，及培养基以外的污染转移来的牛舍味、饲料味、金属味等。由发酵剂制备或管理不善引起的苦味、酵母味等缺陷，应根据其原因采取适当的预防措施。

第三节　一般干酪加工工艺

一、天然干酪加工

各种天然干酪的生产工艺基本相同，只是在个别工艺环节上有所差异。天然干酪生产的基本过程是通过酸化、凝乳、排乳清、加盐、压榨、成熟等工艺过程将乳中的蛋白质和脂肪进行“浓缩”。

（一）工艺流程

天然干酪加工工艺流程如图 6-2 所示。

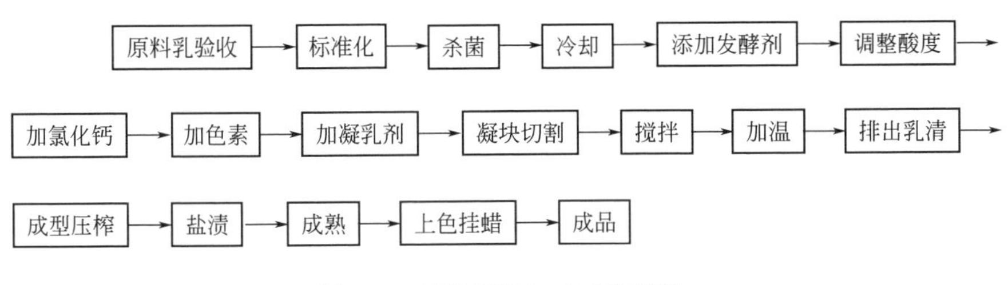

图 6-2　天然干酪加工工艺流程

（二）工艺要点

1. 原料乳验收

制造干酪的原料乳，必须经感官检查、酸度测定或酒精试验（牛乳 18°T，羊乳 10～14°T），必要时进行青霉素及其他抗生素检验。同时，因许多微生物会产生不良的风味物质或酶类，且有些微生物耐巴氏杀菌，会引起干酪的品质问题。所以原料乳中的微生物数量应尽可能低，每毫升鲜乳中不宜超过 50 万个，体细胞数也是检测鲜乳质量的重要指标。

2. 原料乳的预处理

（1）净乳　净乳过程对干酪加工尤为重要，因为某些形成芽孢的细菌在巴氏杀菌时不能杀灭，在干酪成熟过程中可能会造成很大的危害。用离心除菌机进行净乳处理，不仅可以除去乳中大量杂质，而且可以将乳中90%的细菌除去，尤其对相对密度较大的芽孢菌特别有效。

（2）标准化　生产干酪时除了对原料乳脂肪进行标准化外，还要对酪蛋白以及酪蛋白/脂肪的比例（C/F）进行标准化，一般要求$C/F=0.7$。所以，标准化时首先要准确测定原料乳的乳脂率和酪蛋白的含量，其次通过计算确定用于进行标准化的物质的添加量，最后调整原料乳中的脂肪和非脂乳固体之间的比例，使其比值符合产品要求。用于生产干酪的牛乳通常不进行均质处理，均质导致结合水的能力大大上升，牛乳中游离水减少导致乳清的减少，很难生产硬质和半硬质类型的干酪。

3. 原料乳的杀菌

杀菌温度的高低直接影响干酪的质量，温度过高，时间过长，则受热变性的蛋白质增多，破坏乳中盐类离子的平衡，进而影响皱胃酶的凝乳效果，使凝块松软，收缩作用变弱，易形成水分含量过高的干酪。因此实际生产中多采用63℃、30min的保温杀菌或72～75℃、15s的高温短时杀菌。常用的杀菌设备为保温杀菌罐或板式热交换杀菌机。

4. 添加发酵剂和预酸化

经杀菌后的原料乳直接打入干酪槽中，常见干酪槽为水平卧式长椭圆形或方形不锈钢槽，且有保温（加热或冷却）夹层及搅拌器（手工操作时为干酪铲和干酪耙），见图6-3。将干酪槽中的牛乳冷却至30～32℃，添加1%～2%的工作发酵剂（也可加入直投式发酵剂），充分搅拌3～5min。为使干酪在成熟期间能获得预期的效果，达到正常的成熟，加发酵剂后进行30～60min的短期发酵，此过程即预酸化。预酸化后取样测定酸度，一般要求达到20～24°T。

5. 调整酸度及加入添加剂

（1）调整酸度　经预酸化后牛乳的酸度很难控制到绝对统一。为使干酪成品质量一致，可用1mol/L的盐酸调整酸度至一般要求的20～24°T。具体的酸度值应根据干酪的品种而定。

（2）加入氯化钙　为了改善原料乳凝固性能，提高干酪质量，可在100kg原料乳中添加5～20g的$CaCl_2$（预先配成10%的溶液），以调节盐类平衡，促进凝块的形成。

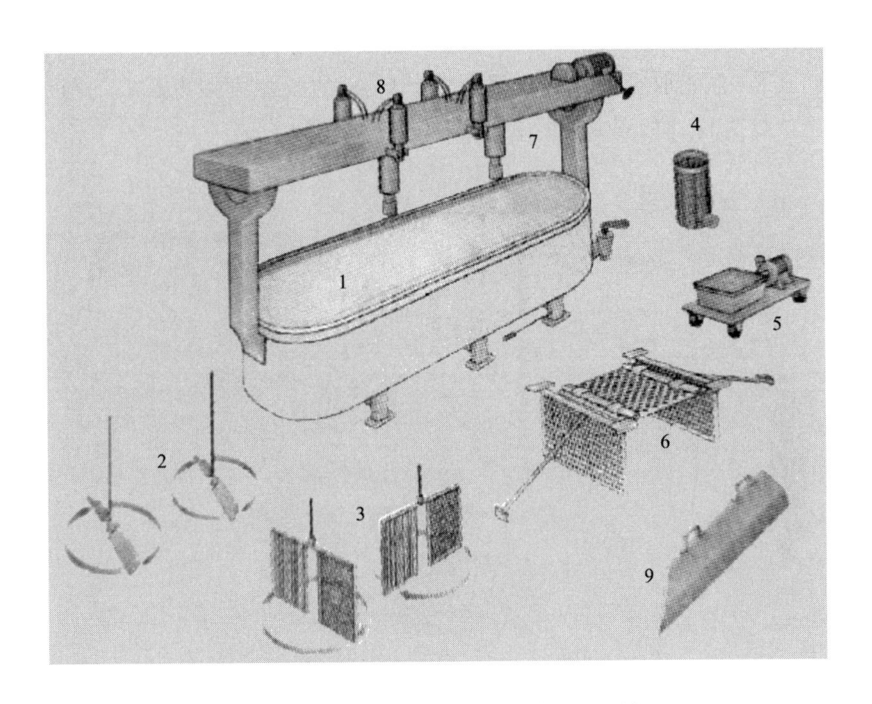

图 6-3　带有干酪生产用具的普通干酪槽

1—带有横梁和驱动电机的夹层干酪槽；2—搅拌工具；3—切割工具；
4—置于出口处过滤器干酪槽内侧的过滤器；5—带有浅容器
小车上的乳清泵；6—用于圆孔干酪生产的预压板；
7—工具支撑架；8—用于预压设备的液压筒；
9—干酪切刀

(3) 添加色素　干酪的颜色取决于原料乳中脂肪的色泽，但脂肪的色泽受季节及饲料的影响而变化。为了使产品的色泽一致，需在原料乳中加胡萝卜素等色素物质，现多使用胭脂树橙的碳酸钠抽出液，通常每 1000kg 原料乳中加 30～60g。

(4) 硝酸盐　如原料乳中含有丁酸菌或大肠菌群时，会产生异常发酵，可以用硝酸盐来抑制这些细菌。其用量需根据牛乳的组成、生产工艺等进行精确确定。硝酸盐的最大允许用量为 30g/100kg。如果牛乳在预处理过程中经离心除菌或微滤处理，那么硝酸盐的需求量就可大大减少甚至不用。

(5) 其他添加剂

① 二氧化碳。添加 CO_2 是提高干酪用乳质量的一种方法。二氧化碳天然存在于乳中，但在加工中，大部分会逸失。通过人工手段加入可降低牛乳的

pH，使原始 pH 降低 0.1～0.3 个单位，这会导致凝乳时间的缩短；若使用少量的凝乳酶，也能取得同样的凝乳效果。CO_2 的添加可在生产线上与干酪槽（缸）连接处进行，如图 6-4 所示。

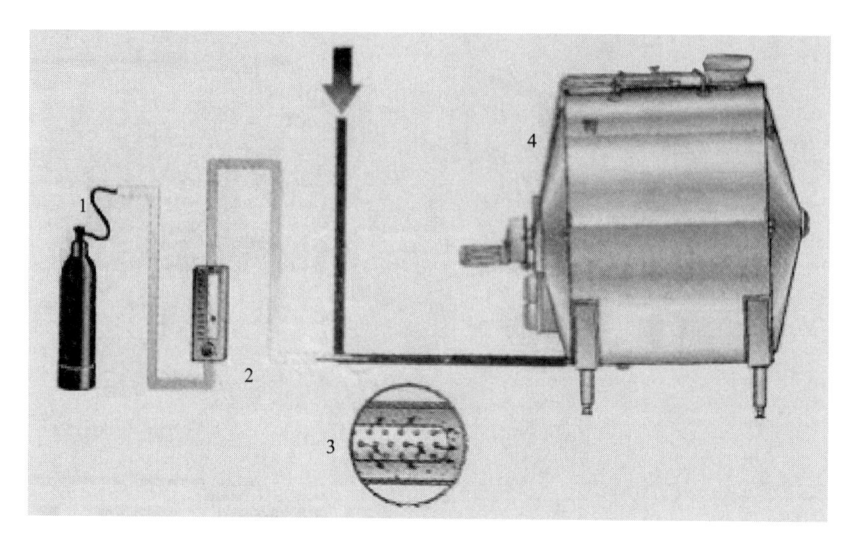

图 6-4 CO_2 添加至干酪中

1—气筒；2—流量计；3—多孔喷射管；4—干酪槽

流入 CO_2 的比例及混入凝乳酶之前与乳的接触时间要在系统安装前进行计算。实践证明此法可节省一半的凝乳酶而没有任何副作用。

② 酒类辅助剂。烹饪干酪一般不加香辛料而多添加利口酒、葡萄酒等佐剂，可以把各类含醇物质添加于原干酪中，也可以将整块干酪浸入这类酒类中。常加酒类辅助剂的干酪有英国的 Ilminster beer 干酪、德国 Beer 干酪、意大利的 Clider 乳清干酪和白葡萄酒干酪、法国的 Cabrion 干酪（加利口酒）、英国的 Red Windsor 干酪（加波多酒）等。

6. 添加凝乳酶与凝乳的形成

干酪生产中，添加凝乳酶形成凝乳是一个重要工艺环节。通常按凝乳酶效价和原料乳的量计算凝乳酶的用量。酶的加入方法是：先用 1%的食盐水（或灭菌水）将酶配制成 2%的溶液，在 28～32℃下保温 30min，然后加到原料乳中，均匀搅拌 1～2min，然后在 32℃条件下静置 30min 左右，即可使乳凝固形成凝块。凝块无气孔，触摸时有软的感觉，乳清透明表明凝固状况良好。

在大型（10000～20000L）密封的干酪槽或干酪罐中，为了使凝乳酶均匀分散，可采用自动计量系统，通过分散喷嘴将稀释后的凝乳酶液喷洒在牛乳表面。

7. 凝块的切割

乳凝固后，凝块达到适当硬度时，要鉴定凝块的质量以确定凝块是否适宜切割。做法是用食指斜向插入凝块中约 3cm，当手指向上挑起时，如果切面整齐平滑，手指上无小片凝块残留，且渗出的乳清透明时，即认为凝块已适宜切割。切割时需使用干酪专用刀。干酪刀分为水平式和垂直式两种，钢丝刃间距一般为 0.79～1.27cm，见图 6-5。

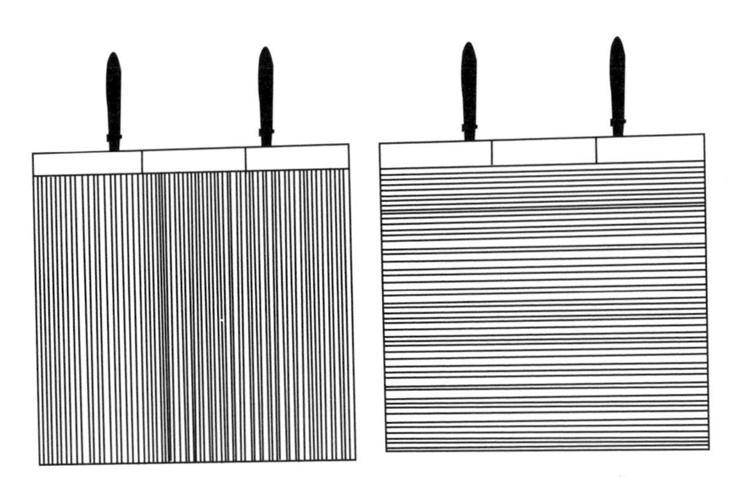

图 6-5 干酪手工切割工具

先沿着干酪槽长轴用水平式刀平行切割，再用垂直式刀沿长轴垂直切后，沿短轴垂直切，将凝乳切成小立方体，其大小取决于干酪的类型。切块越小，最终干酪中的水分含量越低。应注意动作要轻、稳，防止将凝块切得过碎和不均匀，影响干酪的质量。

普通开口干酪槽装有可更换的搅拌器和切割工具，可在干酪槽中进行搅拌、切割、乳清排放、槽中压榨的工艺。图 6-6 为现代化的密封水平干酪槽，搅拌和切割由焊在一个水平轴上的工具来完成，它可通过转动不同的方向来进行搅拌或切割。另外，干酪槽可安装一个自动操作的乳清过滤网和一个能分散凝固剂（凝乳酶）及与 CIP（就地清洗）系统连接的喷嘴。

8. 凝块的搅拌及加温

凝块切割后，用干酪耙或干酪搅拌器轻轻搅拌，以便加速乳清的排除。刚刚切割后的凝块颗粒非常柔软，对机械处理很敏感，因此搅拌必须缓和并且足够慢，防止凝块碰碎，以确保凝块能悬浮于乳清中。

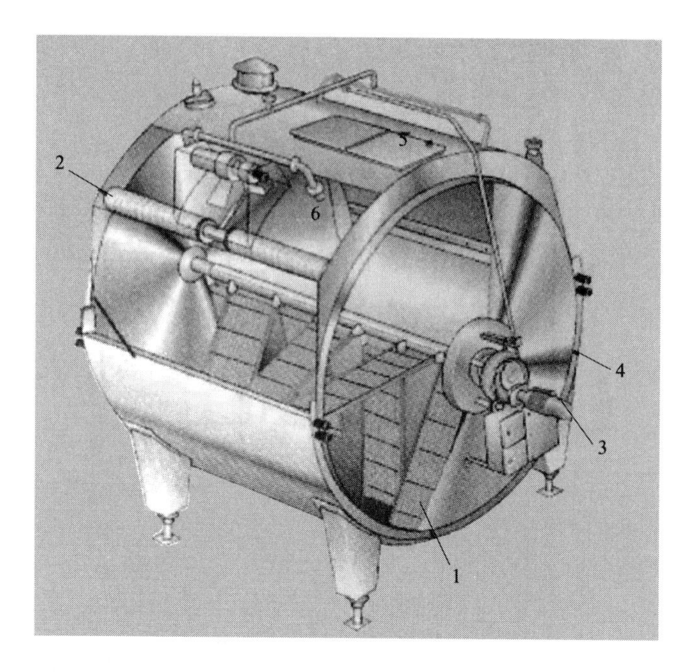

图 6-6 带有搅拌和切割工具以及升降乳清排放系统的水密闭式干酪槽
1—切割与搅拌相结合的工具；2—乳清排放的滤网；3—频控驱动电机；
4—加热夹套；5—人孔；6—CIP 喷嘴

凝块沉淀于干酪槽的底部会导致形成黏团，增大搅拌阻力，且黏团会影响干酪的组织，导致酪蛋白的损失。经过 15min 后，搅拌速度可稍微加快。与此同时，在干酪槽的夹层中通入热水，使温度逐渐升高。升温的速度应严格控制，初始时每 3～5min 升高 1℃，当温度升至 35℃时，则每隔 3min 升高 1℃。当温度达到最终要求（高脂干酪为 17～48℃，半脂干酪为 34～38℃，脱脂干酪为 30～35℃）时，停止加热并维持此温度一段时间，并继续搅拌。通过加热，产酸细菌的生长受到抑制，使得酸度符合要求。除对细菌有影响外，加热也能促进凝块的收缩并促使乳清析出，机械处理和乳酸有助于乳清的排除。

加热的时间和温度由加热方法和干酪类型决定。加热到 44℃以上时，称为热烫。某些类型的干酪，如 Emmental、Gruyere、Parmesan 和 Grana，热烫温度可高达 50～56℃，只有极耐热的乳酸菌才有可能存活下来。但要注意，升温速度不宜过快，过快会使干酪粒表面结成硬膜，影响乳清排除，最后使成品水分高。通常升温越高，排出的水分越多，干酪越硬，这是特硬干酪的一种加工方法。

9. 乳清排除

在搅拌升温后期，当乳清酸度达到0.17%～0.18%时，凝块收缩至原来一半，用手捏干酪粒感觉有适度弹性或用手握一把干酪粒，用力挤出水分后放开，如果干酪粒富有弹性且能分散开时，即可排除全部乳清。

对于传统干酪槽，将干酪粒堆积在干酪槽的两侧，将乳清由干酪槽底部通过网排出。排除的乳清脂肪含量一般约为0.3%，蛋白质0.9%。若脂肪含量在0.4%以上，证明操作不理想，应将乳清回收，作为副产物进行综合加工利用。

10. 成型压榨

乳清排出后，将干酪颗粒堆积在干酪槽的一端，用带孔的木板或不锈钢板压5～10min，继续排除乳清并使其成块，这一过程即为堆叠。有的干酪品种，在此过程还要保温，调整排出乳清的酸度，进一步使乳酸菌达到一定活力，以保证成熟过程对乳酸菌的需要。将堆积后的干酪块切成方砖形或小立方体，装入成型器中进行定型压榨。

压榨是指对装在模具中的凝乳颗粒施加一定的压力，进一步排出乳清，使凝乳颗粒成块，并形成一定的形状，在以后的长时间成熟阶段提供干酪表面一层坚硬外壳。为保证干酪质量的一致性，压力、时间、温度和酸度等指标在生产每一批干酪过程中都须保持恒定。

干酪成型器依干酪的品种不同，其形状和大小也不同。成型器周围设有乳清渗出小孔，内部有衬网。在成型器内装满干酪块后，放入压榨机上进行压榨定型，压榨的压力与时间依干酪的品种各异。一般先进行预压榨，压力0.2～0.3MPa，时间为20～30min。预压榨后取下进行调整，视其情况可再进行一次预压榨或直接正式压榨。然后将干酪反转装入成型器内，以0.4～0.5MPa的压力在15～20℃（有的品种要求在30℃左右）条件下再压榨12～24h。压榨结束后，从成型器中取出的干酪称为生干酪。压榨的程度和压力依干酪的类型进行调整，一般压榨初期要逐渐加压，因为初始压力高会压紧表面，使水分封闭在干酪内部不易排出。

11. 加盐

经排放乳清后的干酪粒或压榨出生干酪后加盐，加盐的目的在于抑制部分微生物的繁殖，同时使干酪具有良好的风味。加盐方法通常有下列四种：

① 将食盐撒布在干酪粒中，并在干酪槽中混合均匀；

② 将食盐涂布在压榨成型后的干酪表面；

③ 将压榨成型后的干酪置于盐水池中盐渍，盐水的浓度：第一天到第二天保持在17%～18%，以后保持在20%～23%。为了防止干酪内部产生气体，盐水的温度保持在8℃左右，盐渍时间一般为4天；

④ 采用上述几种方法的混合。

12. 发酵成熟

发酵成熟是指将生鲜干酪在一定温度和湿度条件下放置一段时间，干酪中的脂肪、蛋白质及碳水化合物在微生物和酶的作用下分解并发生一系列的物理、化学及生化反应，形成干酪特有的风味、质地和组织状态的过程。

成熟的主要目的是改善干酪的组织状态和营养价值，赋予干酪特有的风味。干酪的成熟通常在成熟库（室）内进行，见图6-7和图6-8。

图6-7　干酪在成熟室

图6-8　使用排架的干酪贮存库

不同类型的干酪要求不同的温度和相对湿度，成熟所持续的时间差别也很大。环境条件对干酪的成熟率、质量损失、硬皮形成和表面菌丛的形成至关重要。成熟时低温比高温效果好，一般为5～15℃。对于细菌成熟的硬质和半硬质干酪，相对湿度一般掌握在85%～90%，而软质干酪及霉菌成熟干酪为95%。相对湿度一定时，硬质干酪在7℃条件下成熟需8个月以上，在10℃时需6个月以上，而在15℃时则需要4个月左右。软质干酪或霉菌成熟干酪需

20～30天。新鲜干酪如农家干酪和稀奶油干酪则不需要成熟。

研究认为，干酪的成熟是以乳酸、丙酸发酵为基础，受干酪的pH、水分及含盐量的影响，同时和贮存期间的温度、湿度、表面处理以及凝乳的化学组成、凝乳的微生物构成等因素有关。成熟期间发生的主要变化如下：

（1）水分的减少　成熟期间干酪的水分有不同程度的蒸发而使质量减轻。

（2）乳糖的变化　生干酪中含1%～2%的乳糖，大部分在48h内被分解，在成熟后两周内消失。乳糖的降解主要发生在干酪的压榨过程中和贮存的第一周或前两周。在干酪中生成的乳酸有相当一部分被乳中缓冲物质所中和，绝大部分被包裹在胶体中。乳酸以乳酸盐的形式存在于干酪中，在最后阶段，乳酸盐类为丙酸菌提供了适宜的营养，而丙酸菌又是埃门塔尔、Gruyere和类似类型干酪的微生物菌丛重要的组成部分。在上述干酪中，除了生成丙酸、乙酸，还生成了大量的二氧化碳气体，导致干酪形成大的圆孔。

丁酸菌也可以分解乳酸盐类，如果条件适宜，此类发酵就会产生氢气、挥发性脂肪酸及二氧化碳。这一发酵往往出现于干酪成熟的后期，氢气会导致干酪的胀裂。用于生产硬质和中软质类型干酪的发酵剂不仅可以使乳糖发酵，而且有能力自发地利用干酪中的柠檬酸产生二氧化碳，以形成圆孔眼或不规则孔眼。

（3）蛋白质的分解　蛋白质分解在干酪的成熟中是最重要的变化过程，降解程度很大程度上影响着干酪的质量，尤其是组织状态和风味。蛋白质分解过程十分复杂，凝乳时形成的不溶性副酪蛋白在凝乳酶和乳酸菌的蛋白水解酶作用下形成胨、多肽、氨基酸等可溶性的含氮物。成熟期间蛋白质的分解程度常以总蛋白质中所含水溶性蛋白质和氨基酸的量来衡量。水溶性氮与总氮的比例称为干酪的成熟度。一般硬质干酪的成熟度约为30%，软质干酪则为60%。

（4）脂肪分解　成熟过程中，部分乳脂肪被解脂酶分解产生多种水溶性挥发脂肪酸及其他高级挥发性酸等，这与干酪风味的形成有密切关系。

（5）气体的产生　在微生物的作用下，干酪产生各种气体。尤为重要的是有的干酪品种在丙酸菌作用下生成CO_2，使干酪形成带孔眼的特殊组织结构，如图6-9。

（6）风味物质的形成　成熟过程中形成的各种氨基酸及多种水溶性挥发脂肪酸是干酪风味物质的主体。此间，应有效地防止水分的蒸发以及微生物的污染造成的变质。为了防止霉菌生长，须定期洗刷制品的表面或采取其他防霉措施。

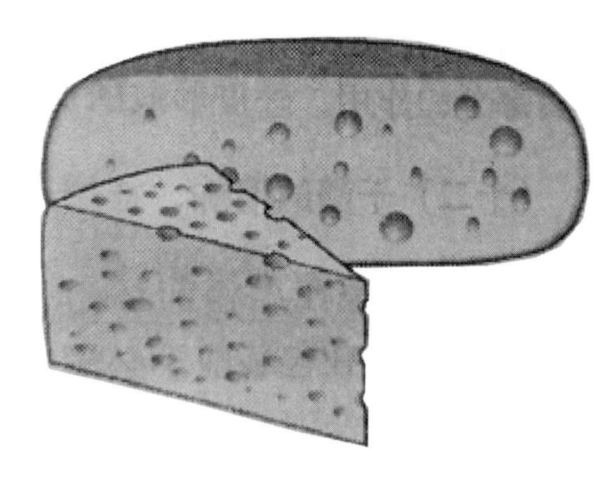

图 6-9 成熟干酪

13. 表面处理

组织细密型和浸渍干酪在成熟期表面都形成一种涂层，同时生成一层外衣，保护干酪不变形，不受有害微生物的破坏。

(1) 形成涂层 干酪在盐渍后外表可以包塑料薄膜作为保护层，防止霉菌侵入。表面处理要求贮存湿度较低（最高 80%），通常在塑料薄膜上形成一层白色的薄薄的霉菌层，可在挂蜡前用乙酸液擦去。

(2) 翻转 干酪成熟期间，直至合适的外皮形成之前，须经常翻转。起初每天都须翻转，以便于干酪双面蒸发，防止变形。当较硬的外皮形成后，干酪转至低温贮藏，翻转频率可降低，但是不能不翻转，否则底部外皮将处于成熟处理，最终被破坏。在翻转干酪时须轻微，特别是在发酵贮存阶段，因为任何碰撞均会破坏较软的外皮，促使干酪形成过多的小孔。

(3) 外皮形成 外皮起到保护软质干酪免受微生物侵害，免于干燥和机械损伤，包裹内部可食部分的作用。外皮形成的速度和程度取决于成熟期间的温度、湿度和空气流通。

14. 干酪的清洗、挂蜡和包装

大部分干酪在出售前都必须清洗和包装，只有少数品种如法式坎培波尔特干酪（Camembert）在包装前不必清洗。半硬质干酪通常在清洗、挂蜡后包装。

(1) 清洗 清洗前将干酪泡在 20～25℃水中软化 15～30min，在软化水中加入极少量的熟石灰或 NaCl，促进蛋白质软化。干酪软化时间不宜过长，否则会软化外皮。清洗后干酪须干燥，否则石蜡不能挂在潮湿的干酪表面。

（2）挂蜡　通常将干酪浸在温度为150℃的蜡中持续4～5s，干酪在挂蜡前须冷却至12℃，这样干酪才能较坚硬，不会浸在蜡中变形。任何干酪表面蜡衣受到破坏的地方都须再次上蜡，否则霉菌会在此快速生长。挂蜡后干酪须在12℃条件下贮存，温度过高，干酪易于变形，破坏蜡衣，促进产生CO_2，导致起泡，外衣起裂痕。

（3）包装　包装材料主要作用是保持干酪清洁。普通半硬质干酪使用羊皮纸或玻璃纸，丹麦哈瓦蒂多孔干酪、德纳布鲁干酪和法式坎培波尔特干酪都使用铝箔包装。外包装保证干酪从生产到销售过程中不受机械损伤，包装材料一般是木箱、瓦楞纸箱等，须符合质量要求。

二、再制干酪加工

将同一种类或不同种类的两种以上的天然干酪，经粉碎、加乳化剂、加热搅拌、充分乳化、浇灌包装制成的产品，叫作再制干酪，又称熔化干酪。

（一）工艺流程

再制干酪加工工艺流程如图6-10所示。

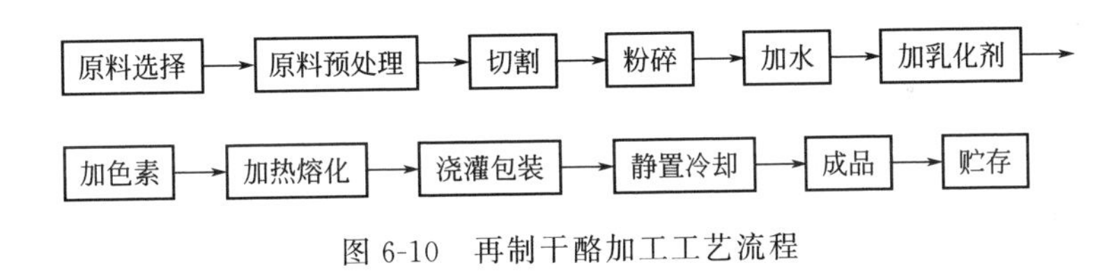

图6-10　再制干酪加工工艺流程

（二）工艺要点

1. 原料选择

一般选择细菌成熟的硬质干酪如荷兰干酪、契达干酪和荷兰圆形干酪等。为满足制品的风味及组织，成熟7～8个月风味浓烈的干酪占20%～30%；为了保持组织滑润，成熟2～3个月的干酪占20%～30%，搭配中间成熟度的干酪50%，使平均成熟度在4～5个月之间，含水分35%～38%，可溶性氮0.6%左右；过熟的干酪，由于有的析出氨基酸或乳酸钙结晶，不宜作原料；有霉菌污染、气体膨胀、异味等缺陷者不能使用。

2. 原料预处理

原料干酪的预处理室要与正式生产车间分开。预处理包括去掉干酪的包装材料、削去表皮、清拭表面等，可用刷子清洗或者采用相应的清洗设备，所有干酪在放置到排水架上前都应该用清水喷洒冲洗。

3. 切割与粉碎

用切碎机将原料干酪切成块状，用混合机混合，后用粉碎机粉碎成 4～5cm 的面条状，最后用磨碎机处理。近来，此项操作多在熔融釜中进行。

4. 熔融、乳化

再制干酪蒸煮锅（也称熔融釜）（图 6-11）中加入适量水，通常为原料干酪重的 5%～10%。按配料要求加入适量的调味料、色素等添加物，加入预处理粉碎后的原料干酪，开始向熔融釜的夹层中通入蒸汽进行加热。当温度达 50℃左右，加入 1%～3%的乳化剂，如磷酸钠、柠檬酸钠、偏磷酸钠和酒石酸钠等。最后将温度升至 60～70℃，保温 20～30min，使原料干酪完全熔化。

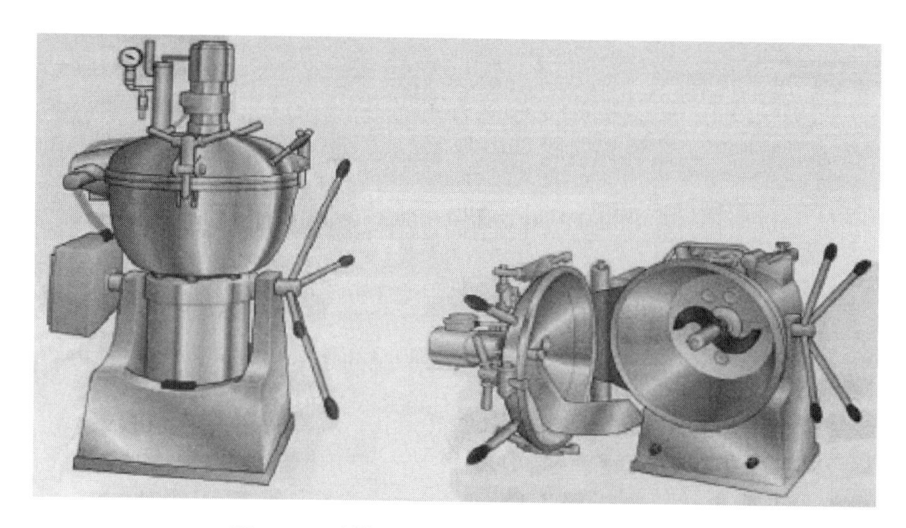

图 6-11 再制干酪蒸煮锅的外形及内部结构

乳化剂加入后，如需调整酸度，可以用乳酸、柠檬酸、醋酸等，也可混合使用。成品的 pH 值 5.6～5.8，不得低于 5.3。在进行乳化操作时，应加大釜内搅拌器的转速，使乳化更完全。此过程中还应保证杀菌的温度，一般为60～70℃、20～30min，或 80～120℃、30s 等。乳化终了时，应检测水分、pH 值、风味等，然后抽真空进行脱气。

5. 充填、包装

经过乳化的干酪应趁热进行充填包装，须选择与乳化机能力相适应的包装机。包装材料多使用玻璃纸或涂塑性蜡玻璃纸、铝箔、偏氯乙烯薄膜等。包装量、形状和包装材料的选择，应考虑到食用、携带、运输方便。包装材料既要满足制品本身的保存需要，还要保证卫生安全。

6. 贮存

包装好的成品需先经过冷却处理，使产品温度降低。不同的产品冷却方法不同，用于切片的块型干酪需缓慢冷却，用于烘烤的块型干酪和涂布型干酪则需快速冷却，冷却后的干酪应静置在10℃以下的冷库中贮存，一般可保存6个月。

第四节　常见干酪加工

一、农家干酪

农家干酪属典型的非成熟软质干酪，是一种拌有稀奶油的新鲜凝块。传统的农家干酪含有约79%的水分、16%的非脂乳固体、4%的脂肪和1%的盐。

因农家干酪容易腐败，制作农家干酪的所有设备及容器都必须彻底清洗消毒以防杂菌污染；农家干酪在加工过程中需要进行彻底的水洗处理，一般酸度较低；相对于其他的酸性新鲜干酪而言，其杀菌温度略高。

（一）生产工艺流程

农家干酪的生产工艺流程见图6-12和图6-13。

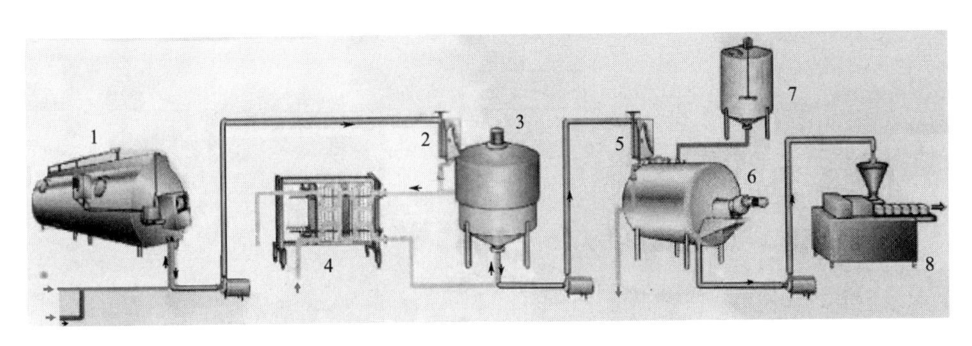

图6-12　农家干酪生产流程

1—干酪槽；2—乳清过滤器；3—冷却和洗缸；4—板式热交换器；5—水过滤器；6—加奶油器；7—着装缸；8—灌装机

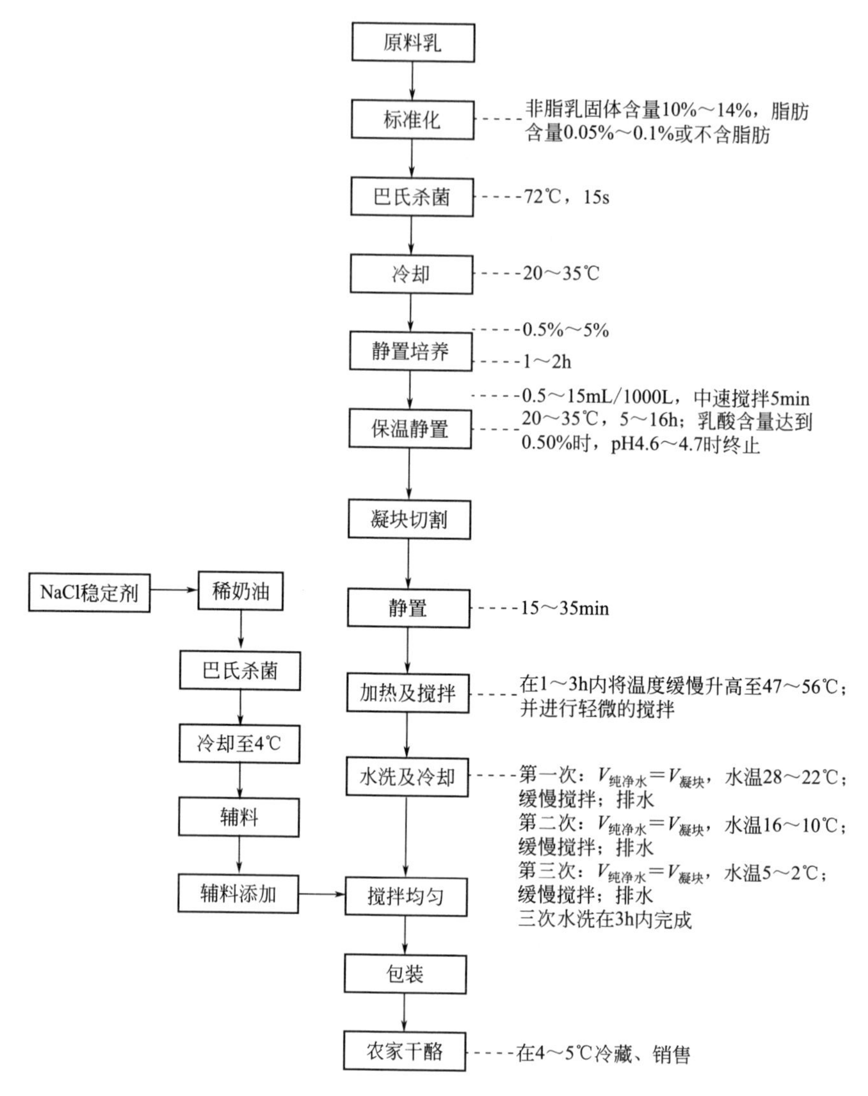

图 6-13 农家干酪生产工艺流程

（二）工艺要点

1. 杀菌、冷却

将脱脂乳经 73～78℃，15s 杀菌后冷却到 30～32℃，注入干酪槽中。

2. 添加发酵剂

一般用乳酸链球菌与乳脂链球菌的混合发酵剂，三种加入方法：

① 杀菌后于30～32℃时添加5%～7%的发酵剂，称短时凝结法，凝结时间6h左右。

② 在21～22℃时添加0.3%～1.5%的发酵剂，即长时凝结法，凝结时间14h左右。

③ 介于上述两者之间，称为中时凝结法。

3. 添加氯化钙、凝乳酶

将氯化钙用10倍量水稀释溶解，按原料乳量的0.01%徐徐均匀添加。将凝乳酶用2%盐水溶解后按其活力值的1/10加入，添加后搅拌混合5min。如此少量的凝乳酶不足以起到凝乳的作用。凝乳酶的主要作用在于稳定切割后的干酪粒使其保持合适的硬度，以及在加热过程中避免颗粒互相黏结。

4. 切割、静置

乳达到要求，乳清酸度为0.5%～0.6%时，用切割刀将凝乳切成1cm见方的块，切割完后静置15min。

5. 加温

加热分为3个阶段，共需90min左右，温度从32℃上升到55℃。第一阶段升温至35℃，时间25min；第二阶段升温至40℃，时间25min；第三阶段升温至55℃，时间40min。在加热的同时要不停地搅拌以防颗粒黏合。

6. 排出乳清、水洗

当温度达到55℃时，用滤网盖住干酪的排水口，开阀门使乳清排出，每次排出1/3左右，加入等量15℃的灭菌水，水洗3次。

7. 拌和、包装

将滤去水分的干酪与食盐一起拌均匀，若制作稀奶油干酪，经过标准化后使稀奶油含脂率达到一定要求，再进行90℃，30min灭菌，冷却到50℃进行均质，再冷却到2～3℃，然后与干酪粒一起拌和均匀。

二、契达干酪

契达干酪是世界上生产最广泛的干酪，原产地为英国。传统的契达干酪为鼓形，质量为26kg左右，有一层天然外皮，外面用绷带裹上以确保其具有优质的浅灰色带棕色的硬质外皮。质地光滑、坚硬，内部为金黄色，随着成熟颜色会加深。新鲜的契达干酪风味比较柔和，且常带有轻微的咸味，成熟后具有非常浓郁的味道，且带有辛辣味，成熟期长的契达干酪咸味和酸味非常重。

（一）生产工艺流程

契达干酪的生产工艺流程见图6-14、图6-15。

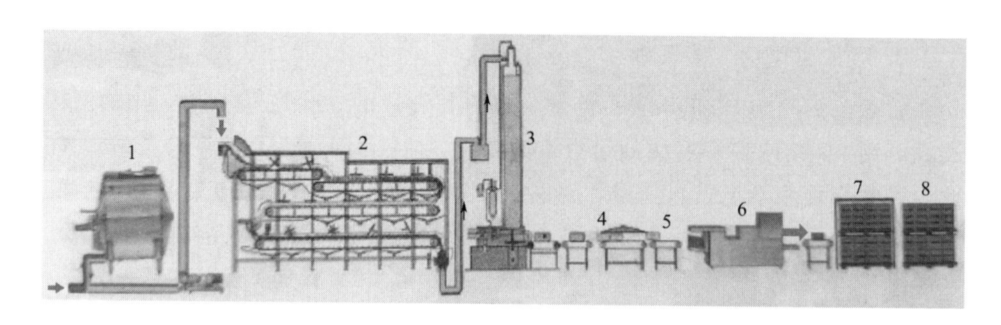

图6-14 契达干酪机械化生产流程图

1—干酪槽；2—契达机；3—坯块成型及装袋机；4—真空密封；5—称重；6—纸箱包装机；7—排架；8—成熟贮存

（二）工艺要点

1. 杀菌冷却

将合格的牛乳经标准化使脂肪含量为2.7%～3.5%后，净乳，然后加热至75℃，经15s杀菌，并冷却到30～32℃注入干酪槽内。

2. 添加剂的加入

（1）发酵剂　使用乳酸链球菌或与乳酪链球菌混合的发酵剂。发酵剂的酸度为0.75%～0.80%，加入量为原料乳的1%～2%。

（2）氯化钙　将氯化钙溶液加入原料乳中，加入量为原料乳的0.01%～0.02%。

（3）凝乳酶　当乳温30～31℃、酸度0.18%～0.20%时，添加发酵剂约30min后，添加用2%食盐水溶解的凝乳酶0.002%～0.004%，慢慢加入并搅拌均匀，搅拌4～5min。

3. 切割

将凝块切割成0.5～1.5cm见方的小块，然后进行加温及乳清的排出，凝块大小如大豆，乳清酸度为0.09%～0.12%，凝块的搅拌一般在静置15min后进行，最初搅拌要轻缓，以不使物料黏结为度，搅拌时间为5～10min。

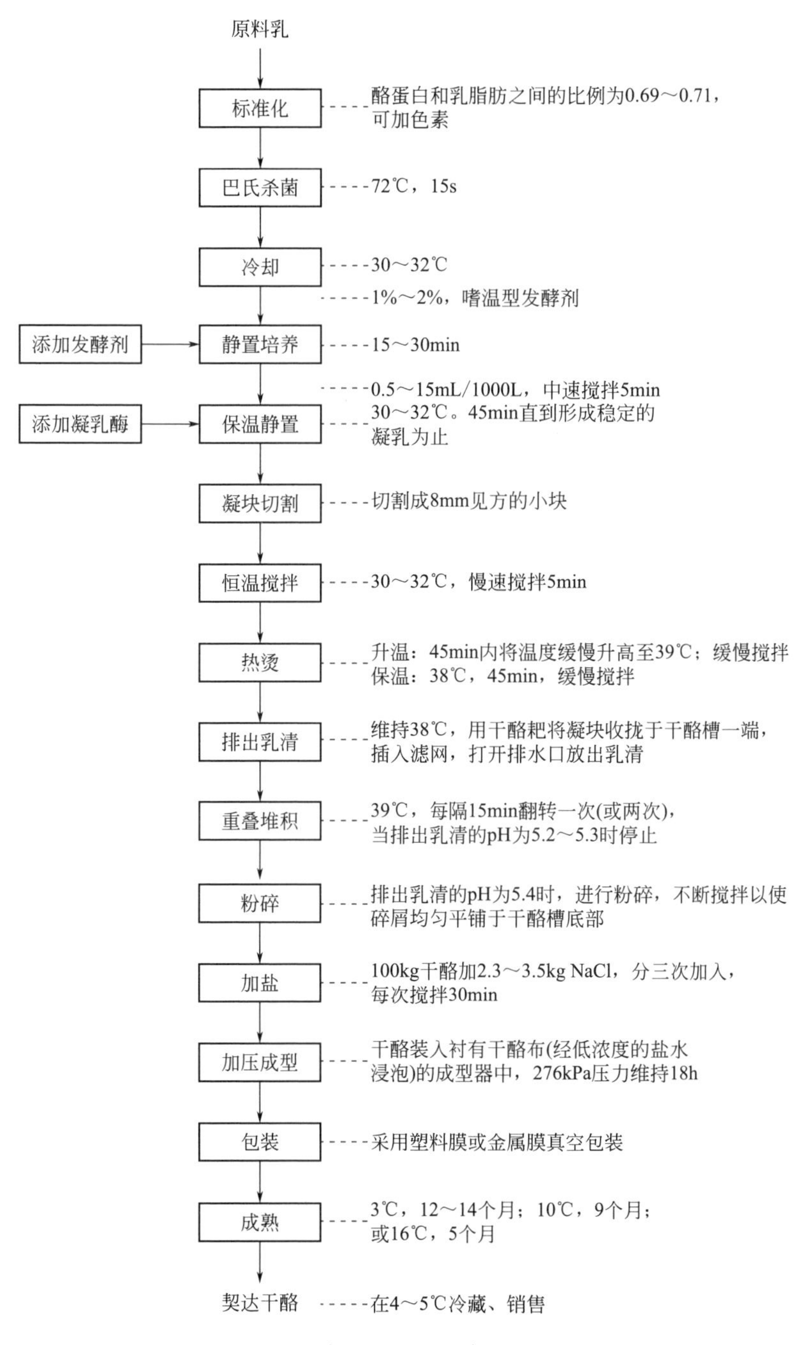

图 6-15　契达干酪的生产工艺流程

4. 排出乳清

静置后当酸度达0.16%～0.19%时，排出约1/3量乳清，然后加热，边搅拌边以每4～6min温度上升1℃的速度升高到38～40℃，静置60～90min。静置时需保持温度，为了不使凝块黏结在一起，应经常进行搅拌。

5. 凝块的翻转堆积

排出乳清后，将凝块堆积、干酪槽加盖，放置15～20min。在干酪槽底两侧堆积凝块，中央开沟流出乳清，凝块厚为10～15cm，堆积成饼状后切成15cm×25cm大小的块，将块翻转。视酸度、凝块的状态加盖加热到38～40℃，再翻转将两块堆在一起，促进乳清排出，也有将3块、4块堆在一起的。

6. 破碎、加盐、压榨

将饼状凝块破碎成1.5～2cm大小的块，并搅拌以防黏结，温度保持在30℃。破碎后30min，当乳清酸度为0.8%～0.9%、凝块温度为29～31℃时，按照凝块质量加入2%～3%的食盐，并搅拌均匀。

装入模时的温度，夏季稍低24℃左右，以免压榨时脂肪渗出；冬季时温度稍高，利于凝块黏结。预压榨开始时压力要小，逐渐加大，用规定压力(392～491kPa)压榨20～30min后取出整形，再压榨15～20h后，整形，再压榨1～2天，如图6-16所示。

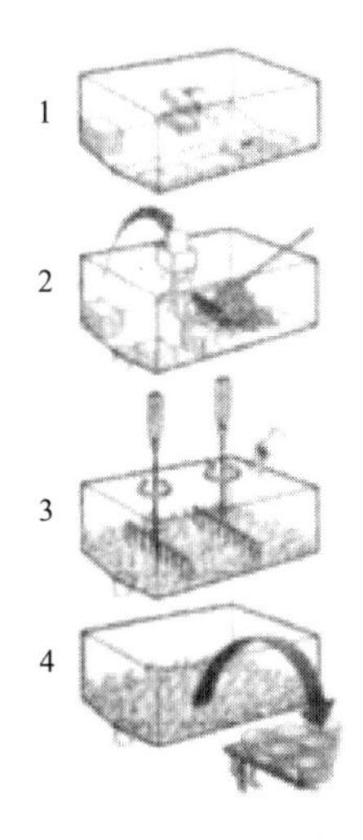

图6-16 干酪的破碎、压榨过程

1—堆积；2—粉碎；3—搅拌并加盐；4—入模

7. 成熟

发酵室温度为 13～15℃，湿度为 85%。经压榨后的干酪放入发酵室，每日翻转一次持续 1 周。涂上亚麻仁油，每日擦净表面，反复翻转。发酵成熟期为 6 个月。

三、荷兰高达干酪

高达干酪是世界上著名的干酪之一，出产于荷兰南部和乌得勒克地区，这种干酪是传统的扁平轮状，外壳色黄且薄，用石蜡涂层，未成熟干酪的干酪团坚实，呈淡黄色，上面分散着不规则的小洞和打孔。随着干酪的成熟，外壳逐渐变厚，干酪团逐渐变深变硬，尤其边缘处，逐渐呈现一种强烈的风味。

荷兰干酪水分含量 36%～43%(一般为 42%)，脂肪含量 29%～30.5%(总固形物中脂肪占 46%以上)，蛋白质含量 25%～26%，食盐含量 1.5%～2.0%。

(一) 生产工艺流程

荷兰高达干酪的生产工艺流程见图 6-17、图 6-18。

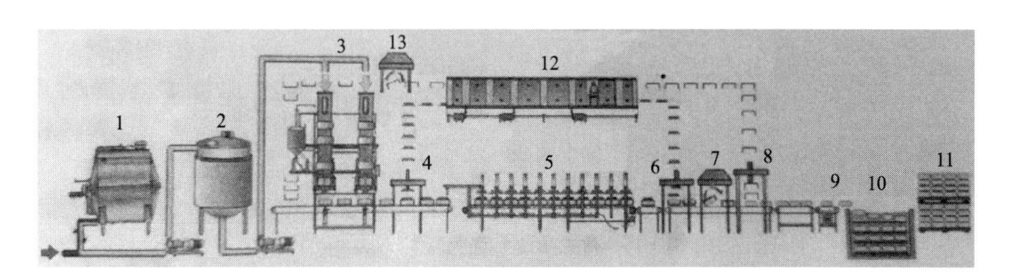

图 6-17　高达干酪机械化生产流程

1—干酪槽；2—缓冲缸；3—预压；4—加盖；5—传送压榨；6—脱盖；7—模子翻转；8—脱模；9—称重；10—盐化；11—成熟贮存；12—模子与盖清洗；13—模子翻转

(二) 工艺要点

1. 原料乳标准化、杀菌、冷却

原料乳经标准化后含脂率为 2.8%～3.0%，净乳后经 73～78℃，15s 杀

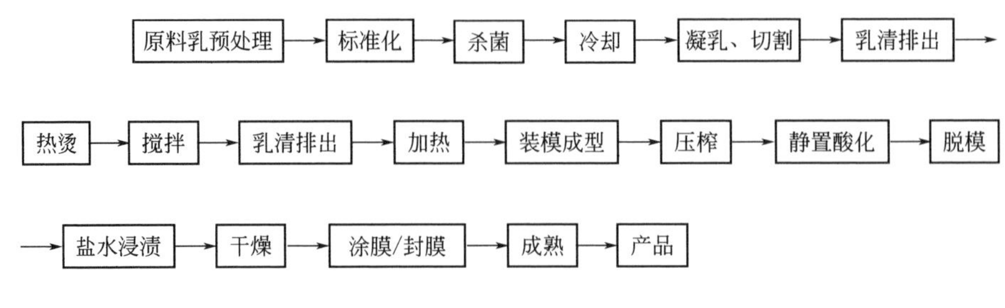

图 6-18 荷兰高达干酪生产工艺流程

菌然后冷却到 30～32℃，通过 80～100 目不锈钢网过滤后进入干酪槽内。

2. 加入添加剂

(1) 加入发酵剂　发酵剂通常使用混合菌株，以乳酪链球菌为主添加乳酸链球菌及双乙酰链球菌，后者与产生香味有关。添加量为 0.5%～1.5%，过滤后边搅拌边加入到原料乳中。

(2) 加入氯化钙及硝酸盐　加入发酵剂后，通常经 30～60min 酸度达到 0.18%以上，加入 0.01%的氯化钙及 0.02%的硝酸钾水溶液。

(3) 加入凝乳酶　加入上述添加剂后，加入 2%食盐溶液溶解凝乳酶，搅拌 4～5min 静置。

3. 凝块的切割

切割时间根据上述凝块形成的程度进行，此时乳清酸度大致为 0.08%～0.10%，凝块的酸度为 0.15%左右。切割时通常先水平刀后垂直刀，将硬质干酪切成小凝块，一般切成 1～2cm 的方块。接着进行搅拌，初低速，逐渐加速，最后再用低速搅拌，共 5～10min。这时，凝块粒有小豆粒大小。凝块由于已被切碎，乳清排出速度加快，表面形成光滑的膜以防止脂肪损失。切成的小凝块容易再融合，一般轻轻搅拌即可。

4. 乳清的排出

搅拌后乳清酸度达 0.11%～0.12%时，第一次排出乳清总量的 1/4～1/3，此时，凝块的酸度为 0.2%～0.23%，然后加热，加热速度不要过快，以每 2min 上升 1℃为限。逐渐加温到 37～40℃，酸度为 0.11%～0.13%。

5. 堆积、入模

乳清排出后，将凝块堆积在槽内进行压榨。一般使用有孔堆积板，用

0.5～0.6MPa 的压缩空气压榨 30～40min。压榨时，乳清温度 36℃以上、酸度 0.14%较好，凝块酸度 0.5%～0.6%，压榨后水分含量为 43%。压榨后，将黏合在一起的凝块切成 10～11kg 大小的块，然后放入衬有包布的不锈钢圆形模中，注意用布包时不要使干酪产生皱纹。包布先用 200mg/kg 的氯水杀菌后使用。

6. 压榨、加盐

用 196～294kPa 的压力预压 20～40min 后，将干酪翻转重新入模，再用 392～491kPa 的压力徐徐压榨，压榨后干酪标准水分含量为 41.5%～43%。压榨完后，将干酪连同模一起放入 10℃左右水中浸泡 10h 以上进行冷却。

将食盐配成 20～21°Bé 的食盐水，水温 10～15℃时，将干酪浸渍 2～4 天，使食盐水浸透干酪。干酪露出部分每天翻转 2～3 次，干酪腌渍后其盐浓度达 2%～3%。干酪浸渍后放置 1 天，除去水分，每日调整盐水相对密度，3 个月内更新一次盐水。

7. 成熟

成熟室温度为 13～15℃，相对湿度 80%～90%，发酵开始 1 周内，每日翻转干酪一次并进行整理，1～2 周后涂蜡或用塑料涂层，也有使用收缩薄膜进行包装的。

四、夸克干酪

夸克干酪是一种不经成熟的发酵凝乳干酪，主要在欧洲生产。夸克干酪通常与稀奶油混合，有时也会拌有果料和调味品，不同国家生产的产品标准不同，其非脂乳固体的变化幅度在 14%～24%。夸克干酪的主要缺陷是水分含量过高，易污染微生物产生不良风味，凝乳中蛋白质水解活性过高以及不同批次间干酪品种不一致。

图 6-19 为一个夸克干酪生产线。原料乳经巴氏杀菌，冷却至 25～28℃，进入成熟罐，罐中通常加入发酵剂，发酵剂为乳酸链球菌或乳脂链球菌和少量的凝乳酶。加入量约为一般干酪生产所需量的十分之一或每 100kg 乳加入 2mL 液体凝乳酶，这样可以取得较硬的凝块。约 16h 后，pH 为 4.5～4.7，凝乳形成。凝块搅拌后，进行预杀菌并冷却至 37℃，下一步进入离心分离机。夸克干酪与乳清分离后，夸克干酪由正位移泵送经板式热交换器进入

缓冲缸，乳清从分离机出口进行收集。

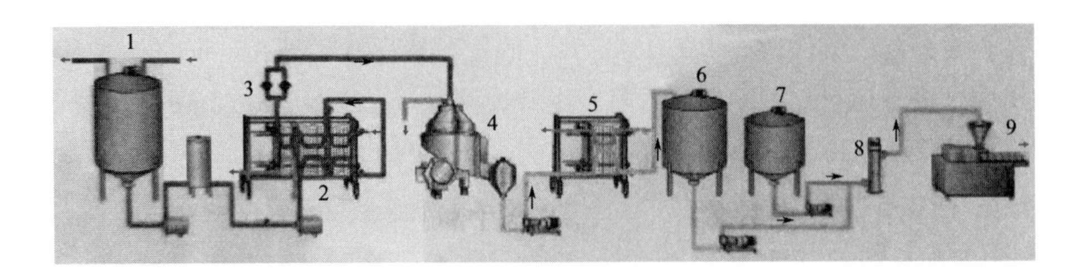

图 6-19　夸克干酪机械化生产流程图

1—成熟罐；2—板式热交换器；3—过滤系统；4—离心分离机；5—板式热交换器；6—缓冲缸；7—稀奶油罐；8—水力混合器；9—灌装机

最终冷却温度决定于总干物质含量和实际的蛋白质含量。当总干物质含量为 16%～19%时，可达到的温度为 8～10℃；当总干物质含量为 19%～20%时，夸克干酪应被冷却至 11～12℃。在包装之前，冷却的产品通常收集于一个缓冲缸中。如果夸克干酪要拌奶油，则在产品到达灌装机之前，加入足够量的甜奶油或发酵奶油，并于水力混合器中充分混合。

第五节　干酪加工的质量控制

一、原辅料质量控制

(一) 原料乳

干酪生产所用的原料乳必须经过严格的检验，必须符合乳制品加工原料乳的质量要求，保证原料乳的各种成分组成、微生物指标符合生产要求。

1. 基本要求

原料乳的色泽、风味要符合原料乳应有的色泽、风味，无异味；72%酒精试验结果应为阴性；原料乳中乳干物质≥11.2%，脂肪≥3.1%；抗生素实验为阴性。

2. 微生物指标

原料乳中的微生物和酶将在后期生产中对干酪质量产生重要的影响，而且很多微生物能耐巴氏杀菌，因此必须严格控制原料乳中微生物的数量和种类。通常每毫升鲜牛乳中微生物数量不能超过50万个，嗜温菌数量应较低，如容易被粪便污染产生的耐巴氏杀菌的丁酸菌，在原料乳中不得检出丁酸菌芽孢，嗜冷菌数量则应更低，尤其是对于需冷藏一至数天后才能够进行干酪加工的原料乳，虽然嗜冷菌可被巴氏杀菌杀死，但其容易产生耐热的脂肪酶和蛋白酶，它们会在干酪成熟期间发生作用，使干酪产生异味。

3. 酸度

原料乳的酸度应小于18°T，控制原料乳的酸度有利于乳酸菌产酸，抑制乳酸菌以外的其他微生物生长，对于干酪产品的乳清排出、贮存、干酪的硬度和成熟度至关重要。

4. 凝乳性

原料乳的凝乳性将决定产品凝块的形成，通常新鲜的原料乳的凝乳性会高于冷藏后的原料乳的凝乳性，原料乳的pH也会对其凝乳性产生直接的影响。

（二）发酵剂

1. 乳酸菌发酵剂的制备

将保存的菌株或发酵剂用牛乳复活培养时，在灭菌的试管中加入优质脱脂乳，添加适量石蕊溶液，经120℃、15～20min高压灭菌并冷却至接种温度，将乳酸菌株或粉末发酵剂接种在该培养基内，于21～26℃条件下培养16～19h，当凝固并达到所需酸度后，在0～5℃条件下保存，每3～7天接种一次，以维持活力，也可以冷冻保存。

2. 霉菌发酵剂的制备

霉菌发酵剂的制备与乳酸菌制备方法相似，只有菌种和培养温度的差异。将除去表皮后的面包切成小立方体，盛于三角瓶，加适量水并进行高压灭菌处理，此时可加入少量乳酸菌以增加酸度。之后将霉菌悬浮于无菌水中，喷洒到灭菌的面包上，置于21～25℃的保温箱中经8～12天培养，使霉菌孢子布满面包表面，将面包从保温箱中取出，在30℃条件下干燥10天，或在室温条件下进行真空干燥，研成粉末，筛选后盛于容器中保存。

3. 发酵剂的检查

制备发酵剂后，需进行风味、组织、酸度和微生物学鉴定检查。风味应具有清洁的乳酸菌味，不得有异味，酸度以0.75%～0.85%为宜。活力实验中，将10g脱脂乳粉用90mL蒸馏水溶解，经120℃、10min加压灭菌，冷却后分别注入10mL试管中，加入1mL发酵剂及0.1mL 0.005%的刃天青溶液后，于37℃培养30min，每5min观察刃天青褪色情况，直到全部褪为淡桃红色为止。褪色时间在培养开始后35min以内的为活性良好，50～60min者为正常活力。

（三）凝乳酶

凝乳酶的用量通常按照凝乳酶活力和原料乳的量进行计算。操作中可用1%的食盐水将酶配成2%的溶液，并在28～32℃下保温30min，然后倒入乳中，充分搅拌均匀（2～3min）后加盖。

活力为1∶10000到1∶15000的液体凝乳酶的计量在每100kg乳中可用到30mL，为了便于分散，凝乳酶至少要用双倍的水进行稀释。加入凝乳酶后，小心搅拌牛乳不超过2～3min，随后静置8～10min，这样可以避免影响凝乳过程和酪蛋白损失。

（四）其他原料

1. 水

原料乳的加水量需根据原料乳中蛋白质含量调整，通常冬季蛋白质的含量会高于夏季，注水量要增加；小型、软质干酪的（含有较多水分）的注水量多于大型、硬质干酪。

2. 氯化钙

氯化钙可提高牛乳的凝乳性，减少凝乳酶的用量，氯化钙的使用量不得超过20g/100g，按照此用量添加，则牛乳的凝结时间将缩短一半。

3. 硝酸盐

硝酸盐等防腐剂的添加必须符合国家和行业相关标准，硝酸盐的添加量为每100kg不超过30g，在应用离心除菌技术或微滤除菌的干酪中，可少加或不加硝酸盐。

4. 色素

色素的添加量随季节或市场需要而定，但不得超过国家相关法规标准。

二、干酪的质量控制措施

① 确保清洁的生产环境，防止外界因素造成污染。

② 对原料乳要严格进行检查验收，以保证原料乳的各种成分组成、微生物指标符合生产要求。

③ 严格按生产工艺要求进行操作，加强对各工艺指标的控制和管理。保证产品的成分组成、外观和组织状态，防止产生不良的组织状态和风味。

④ 干酪生产所用的设备、器具等应及时进行清洗和消毒，防止微生物和噬菌体等的污染。

⑤ 干酪的包装和贮藏应安全、卫生、方便。贮藏条件应符合规定指标。

三、干酪的质量缺陷及防止方法

（一）物理性缺陷及其防止方法

1. 质地干燥

凝乳块在较高温度下“热烫”会引起干酪中水分排出过多而导致制品干燥，凝乳切割过小、加温搅拌时温度过高、酸度过高、处理时间较长及原料含脂率低等都能引起制品干燥。防止方法：可改进加工工艺，如表面挂石蜡、采用塑料袋真空包装及在高温条件下进行成熟来防止。

2. 组织疏松

组织疏松即凝乳中存在裂隙。酸度不足、乳清残留于凝乳块中、压榨时间短或成熟前期温度过高等均能引起此种缺陷。防止方法：进行充分压榨并在低温下成熟。

3. 多脂性

多脂性是指脂肪过量存在于凝乳块表面或其中。主要是操作温度过高，凝块处理不当而使脂肪压出。防止方法：可通过调整生产工艺来防止。

4. 斑纹

斑纹是因操作不当，特别在切割和热烫工艺中因操作过于剧烈或过于缓慢而引起的。

5. 发汗

发汗是指成熟过程中干酪渗出液体。其原因是干酪内部的游离液体多及内部压力过大所致，多见于酸度过高的干酪。防止方法：改进工艺控制酸度。

(二) 化学性缺陷及其防止方法

1. 金属性黑变

金属性黑变是由于铁、铅等金属与干酪成分生成黑色硫化物，根据干酪质地的状态不同而呈现绿色、灰色和褐色等。防止方法：操作时除考虑设备、模具本身外，还要注意外部污染。

2. 桃红或赤变

桃红或赤变是由于使用色素（如安那妥）时，色素与干酪中的硝酸盐结合而产成更浓的有色化合物。防止方法：对此应认真选用色素及确定其添加量。

(三) 微生物性缺陷及其防止方法

1. 酸度过高

主要原因是因为微生物发育速度过快。防止方法：降低预发酵温度，并加食盐以抑制乳酸菌繁殖；加大凝乳酶添加量；切割时切成微细凝乳粒；高温处理；迅速排出乳清以缩短制造时间。

2. 干酪液化

干酪中因为存在液化酪蛋白的微生物而使干酪液化，多发生于干酪表面。防止方法：引起液化的微生物一般在中性或微酸性条件下发育，干酪贮藏过程中严格控制冷藏温度，避免微生物的生长繁殖。

3. 发酵产气

干酪成熟会生成微量气体，不会形成大量的气孔，由微生物引起而使干酪产生大量气体是干酪的缺陷之一。成熟前期产气往往是由于大肠埃希菌污染，后期产气则是由梭状芽孢杆菌、丙酸菌及酵母菌繁殖产生的。防止方法：可将原料乳离心除菌或使用能产生乳酸链球菌肽的乳酸菌作为发酵剂，也可添加硝酸盐，调整干酪水分和盐分。

4. 苦味生成

干酪苦味是常见的质量缺陷，酵母或非发酵菌剂都可引起干酪苦味。极微弱的苦味可构成契达干酪的风味成分之一，这是特定的蛋白胨、肽所引起的。此外，高温杀菌、原料乳的酸度高、凝乳酶添加量大以及成熟温度高均可能产生苦味。食盐添加量多时，可降低苦味的强度。

5. 恶臭

干酪中如存在厌气性芽孢杆菌，会分解蛋白质生成硫化氢、硫醇、亚胺等，此类物质产生恶臭味。防止方法：生产过程中要防止这类菌的污染。

6. 酸败

由污染微生物分解乳糖或脂肪等生成丁酸及其衍生物所引起。污染菌主要来自原料乳、牛粪及土壤等。

第七章

炼乳加工技术

炼乳是将牛乳浓缩至原体积的40%左右而制成的一种浓缩乳制品。它的种类很多，按成品加糖与否，可以分为加糖炼乳和不加糖炼乳（淡炼乳）；按成品是否脱脂，可以分为脱脂炼乳、半脱脂炼乳和全脂炼乳；按添加的辅料不同，又可以分为调制炼乳和强化炼乳等。

就食品而言，炼乳较小众，但作为一种优良的乳品工业原料，已广泛应用到糖果、糕点、餐饮和乳饮料行业中，为终端产品质量的改良、风味的提升和口感的改善起着至关重要的作用。我国目前生产炼乳的主要品种是甜炼乳和淡炼乳。

第一节 甜炼乳加工技术

甜炼乳是在原料乳中加入约16%的蔗糖，经杀菌并浓缩至原体积40%左右的一种浓缩乳制品。成品甜炼乳中蔗糖含量为40%～50%，由于加糖后炼乳的渗透压大大增加，从而赋予制品一定的保存性。甜炼乳蔗糖含量很高，一般主要作为饮料、糕点、糖果及其他食品加工原料使用。

一、工艺流程

甜炼乳加工工艺流程如图7-1，生产线示意图见图7-2。

二、工艺要点

（一）原料乳的验收及预处理

牛乳应严格按要求进行验收，验收合格的乳经称重、过滤、净乳、冷却后泵入贮奶罐。

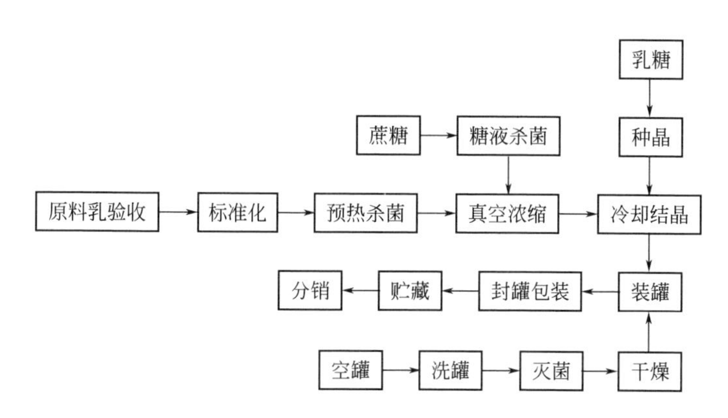

图 7-1 甜炼乳加工工艺流程

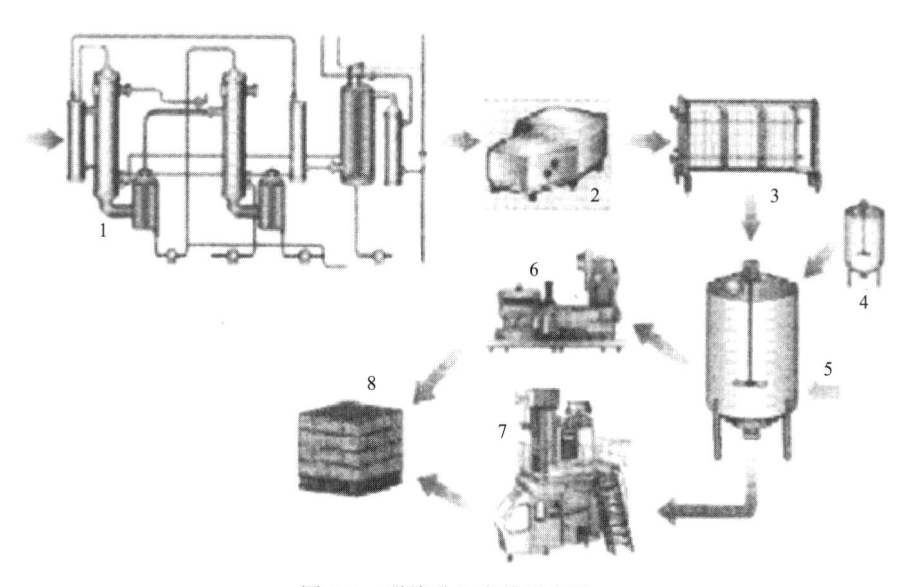

图 7-2 甜炼乳生产线示意图

1—蒸发；2—均质；3—冷却；4—糖浆；5—冷却结晶罐；

6—灌装；7—贴标签、装箱；8—贮存

（二）乳的标准化

调整乳中脂肪（F）与非脂乳固体（SNF）的比值，使之符合成品中脂肪与非脂乳固体比值。在脂肪不足时要添加稀奶油，脂肪过高时要添加脱脂乳或用分离机除去一部分稀奶油。

（三）预热杀菌

原料乳在标准化之后，浓缩之前，必须进行加热杀菌处理。加热杀菌还有利于下一步浓缩的进行，故称为预热，亦可统称为预热杀菌。

1. 预热杀菌目的

① 杀灭原料乳中的病原菌和大部分杂菌，破坏和钝化酶的活力。

② 为真空浓缩起预热作用，防止结焦，加速蒸发。

③ 使蛋白质适当变性，推迟成品变稠。

④ 一些钙盐沉淀下来从而提高酪蛋白稳定性。

⑤ 预热可使蔗糖完全溶解。

2. 预热杀菌的条件

预热的温度、保持时间等，根据原料乳的质量、制品组成、预热设备等的不同而异。预热条件从63℃、30min低温长时间杀菌，到150℃超高温瞬间杀菌。一般为75℃以上保持10～20min及80℃左右保持5～10min。预热温度与产品变稠的关系，可归纳为以下几点：

① 预热温度为60～75℃，制品的黏度降低，变稠的倾向减少。特别是65℃以下时，黏度很低，有脂肪分离的风险。此外，乳糖结晶在10μm以下且不均匀时，容易产生糖沉淀。

② 预热温度为80～100℃，变稠倾向增加，80℃时不明显，85℃则很明显，95～100℃更明显。

③ 预热温度在沸点以下，变稠趋势减弱，在采用110～120℃瞬间加热时，在乳质不稳定的时期，即由晚春到初夏时，有可能出现变稠现象。若温度进一步提高，则制品有变稀的趋势。

④ 用蒸汽直接预热时，因有过热的倾向，则制品不稳定，结果是加强变稠的趋势。

（四）加糖

1. 加糖目的

一方面是为了赋予甜味，另一方面在于抑制炼乳中微生物的繁殖，增加制品的保存性。

2. 加糖量的计算

加糖量以蔗糖比为依据。蔗糖比又称蔗糖浓缩度，指甜炼乳中蔗糖在炼乳水分中所占的比例，即：

$$R_s=\frac{W_{su}}{W_{su}+W}\times100\%\text{或}\quad R_s=\frac{W_{su}}{100-W_{sT}}\times100\%$$

式中　R_s——蔗糖比，%；

W_{su}——炼乳中蔗糖含量，%；

W——炼乳中水分含量，%；

W_{sT}——炼乳中总乳固体含量，%。

通常规定蔗糖比为62.5%～64.5%。高于64.5%会有蔗糖析出，致使产品组织状态变差；低于62.5%抑菌效果差。

3. 加糖方法

加糖方法一般有三种：

① 将糖直接加到原料乳中进行预热溶解。此法操作简便，但在预热时因蔗糖的存在而影响了杀菌和灭酶的效果，同时会使产品在贮藏时易于变稠和褐变；

② 把经过杀菌的浓糖浆与进行预热的原料乳混合；

③ 在浓缩即将结束时，把杀菌后的浓糖浆吸入真空浓缩锅内，混合均匀。

加糖方法对成品稳定性影响很大。现在为了杀菌彻底和防止变稠，一般多用第三种方法。由于原料乳和糖浆分别进行杀菌，效果较好，且不会引起变稠，但是也会造成黏度降低，这就要通过调节糖浆浓度、预热温度和浓缩条件来加以防止。

第三种加糖方法的操作步骤是：将蔗糖溶于85℃以上的热水中，配成约65%浓度的糖浆，经杀菌、过滤后，冷却至65℃左右，在真空浓缩即将完成之前吸入浓缩乳中进行混合。糖液的杀菌温度要求达到95℃，这是因为蔗糖中有嗜热性的微球菌和耐热的霉菌孢子存在，这种细菌耐热性较强，需达95℃方能致死。在糖浆的制备中注意糖液高温持续的时间不能太长，酸度不能过高。因蔗糖在高温和酸性条件下会转化成葡萄糖和果糖，这些转化糖会加快成品在贮藏期间的褐变和变稠速度。要减少蔗糖的转化就要控制蔗糖的酸度在22°T以下，并在保证杀菌效果的前提下，尽量缩短糖液的高温持续时间。

（五）真空浓缩

浓缩的目的是使乳中水分蒸发以提高乳固体含量使其达到要求，目前广泛使用的是真空浓缩。真空浓缩可以使用低压蒸汽，特别是使用多效蒸发器及蒸汽热压缩泵时更可大大节约能源。另外真空蒸发器的蒸发效率高，真空浓缩除有节余能源提高蒸发效率的优点外更有可以防止热敏性物质变质的优点。

牛乳在真空浓缩过程中以较低的温度蒸发，一般为45～55℃，而且由于使用低压蒸汽或二次蒸汽，可以防止加热面局部过热。低温浓缩不致使蛋白质这样的热敏性物质发生显著变化，有利于保持产品原有的风味、色泽等，对于防止炼乳变稠、褐变等是极为重要的。

1. 浓缩设备

最普通的浓缩设备是间歇式单效盘管真空浓缩锅，现代化的乳品厂广泛采用各种连续式的多效蒸发器，结构的形式大多是降膜式或片式。主要特点是牛乳连续单程通过加热面蒸发，不循环滞留。蒸发器内牛乳量大为减少，牛乳平均加热时间只需几分钟，出料温度可降到很低。

2. 浓缩终点的确定

连续式蒸发器在稳定的操作条件下，可以正常连续出料，其浓度可通过检测加以控制。

间歇式浓缩锅需要逐锅测定浓缩终点。在浓缩到接近要求的浓度时，浓缩乳黏度升高，沸腾状态滞缓，微细的气泡集中在中心，表面稍呈光泽。根据经验观察即可判定浓缩的终点。但为准确起见，可迅速取样，测定其相对密度、黏度或折射率来确定浓缩终点。

测定相对密度可用波美计，甜炼乳用的波美计为30～40°Bé，每一刻度为0.1°Bé。若用普通密度计则为1.250～1.350，每一刻度为0.001。但是波美计按规定应在15.6℃(60℉)下测定，浓缩乳样温度为47～50℃，必须校正。温度相差1℃，则波美度相差0.0054°Bé，温度＞15.6℃时要加，低时要减。

(六) 冷却结晶

真空浓缩锅放出的浓缩乳，温度为50℃左右，如果不及时冷却，会加剧成品在贮藏期变稠与褐变，严重者会使产品逐渐成为块状的凝胶。另外，通过冷却结晶可使处于过饱和状态的乳糖形成细微的结晶，保证炼乳具有细腻的感官品质。

1. 晶种

糖晶种是α-乳糖无水物制备的颗粒，粒径5μm以下。

2. 晶种的加入温度

浓缩乳冷却过程中随温度下降，其过饱和度越高，呈结晶的趋势越强。但温度越低黏度越高，也不利于迅速结晶。在强制结晶的最适温度时投入晶种，乳糖溶液的过饱和度高，结晶趋势强，炼乳的黏度还不至于妨碍晶种的分散。因此，强制结晶的最适温度即为添加晶种的最适温度，添加晶种的最适温度与乳糖的水溶液浓度有关。

3. 晶种的加入量

晶种的加入量与晶种的粗细有关。晶种磨得越细，单位晶种产生结晶的诱导作用越强，产生的晶核越多，炼乳的乳糖晶体也越细。一般的添加量为甜炼乳的 0.02%～0.04%。

4. 冷却结晶方法

冷却结晶方法一般可分为间歇式及连续式两大类。

间歇式冷却结晶一般采用蛇管冷却结晶器，冷却过程可分为三个阶段，浓缩乳出料后乳温可能在 50℃以上，应迅速冷却到 35℃左右，这是冷却初期。随后继续冷却到接近 26℃，此为第二阶段即强制结晶期，结晶的最适温度就处于这一阶段。此期间可投入 0.04%左右的乳糖晶种，均匀地边搅边加，缺乏晶种时亦可用 1%的成品炼乳代替。强制结晶应保持 0.5h 左右，以充分形成晶核。然后进入冷却后期，即把炼乳迅速冷却至 15℃左右，从而完成冷却结晶操作。

另一种是间歇式的真空冷却，即浓缩乳进入真空冷却结晶机在减压状态下冷却，冷速度快，污染少。此外，在真空度高的条件下炼乳的冷却处于沸腾状态，内部有强烈的摩擦作用，可以获得细微均一的结晶，但采用这种方法要预先考虑沸腾排除的蒸发水量，防止出现成品水分含量偏低的现象。

连续瞬间冷却结晶机可进行炼乳的连续冷却。该设备具有水平式的夹套圆筒，夹套中有冷媒流通。炼乳由泵泵入层套筒中，套筒中有带搅拌桨的转轴，转速为 300～600r/min。在强烈的搅拌作用下，在几十秒到几分钟内即可冷却到 20℃以下，不添加晶种即可获得细微结晶，而且可以防止褐变和污染，有利于抑制炼乳变稠。

（七）装罐、封罐与包装

炼乳多采用马口铁罐包装。空罐需用蒸汽杀菌（90℃以上保持 10min），沥干水分或烘干后方可使用。经冷却后的炼乳中含有大量的气泡，如就此装罐，气泡会留在罐内而影响产品质量，所以手工操作的工厂，通常需静置12h左右，等气泡逸出后再行装罐，并尽量装满。大型工厂多用自动装罐机，罐内装入一定数量的炼乳后，移入旋转盘中用离心力除去其中的气体，或采用真空封罐机进行封罐。封罐后及时擦罐，再贴标签。

由于甜炼乳装罐后不再杀菌，所以对机器设备和包装间的卫生状况要求很高，要防止炼乳的二次污染。装罐前，包装室要用紫外线灯光杀菌30min以上，并用乳酸熏蒸一次。消毒设备用的漂白粉溶液有效氯浓度一般为400～600mg/kg，包装室门前消毒鞋用的漂白粉溶液有效氯浓度为1200mg/kg，包装室墙壁（2m以下地方）最好采用1%的硫酸铜防霉剂粉刷。

（八）贮藏

甜炼乳贮藏于仓库内时，应离开墙壁及保暖设备30cm以上。仓库内的温度应恒定，不得高于15℃，空气相对湿度不应高于85%。如果贮藏温度经常发生变化，则可能会引起乳糖形成大的结晶；如果贮藏温度过高，则容易出现变稠的现象。贮藏中每月应进行1～2次翻罐，以防止乳糖沉淀。

第二节　淡炼乳加工技术

淡炼乳也称无糖炼乳，是将鲜牛乳先浓缩至原体积的40%，装罐后再进行灭菌处理而制成的浓缩灭菌乳。淡炼乳分为全脂和脱脂两种，一般淡炼乳指前者，后者称为脱脂淡炼乳。还有添加维生素D的强化炼乳，以及调整化学组成使之近似于母乳、添加各种营养素的专门喂养婴儿的调制淡炼乳。

淡炼乳与甜炼乳加工方法，概括起来主要有四点不同：不加糖、进行灭菌处理、添加稳定剂和增加了均质工艺。由于经过高温灭菌，淡炼乳在室温下可长期保存，凡是不易获得新鲜牛乳的地方都可以用淡炼乳来代替。但高温灭菌会导致牛乳中维生素B_1和维生素C有一定损失，若加以补充，其营养价值几乎与新鲜牛乳相同；且经过高温处理后，产品呈现软凝块状，易于消化；淡炼乳中脂肪球经均质处理后变小，易于被人体消化吸收，是很好的育儿乳品。淡炼乳除日常食用外，还大量用作冰淇淋和糕点的生产原料。

一、工艺流程

淡炼乳生产工艺流程见图7-3。

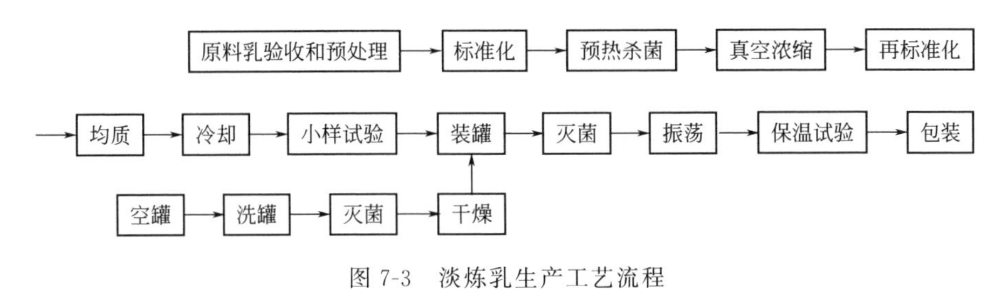

图7-3　淡炼乳生产工艺流程

淡炼乳生产线示意图见图7-4。

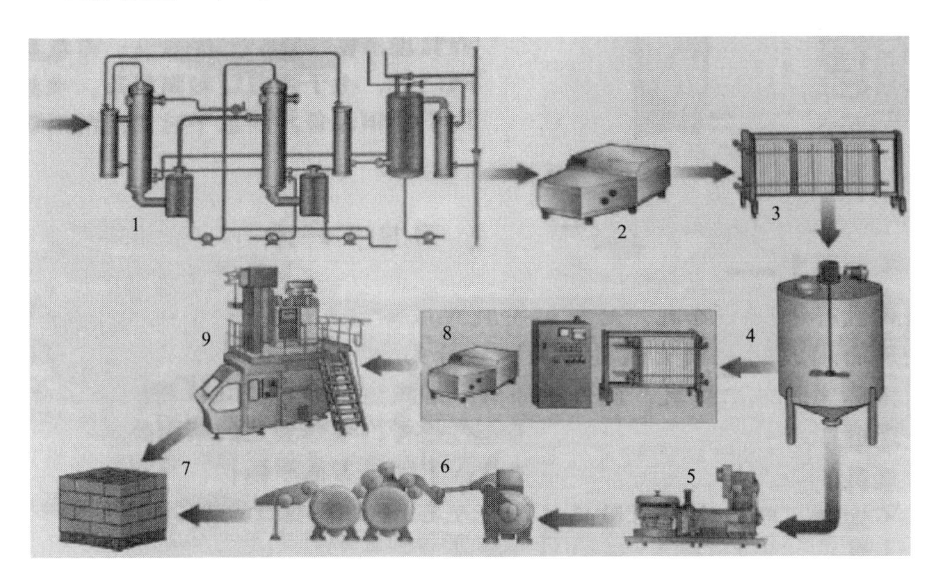

图7-4　淡炼乳生产线示意图

1—真空浓缩；2—均质；3—冷却；4—中间罐；5—灌装；

6—杀菌；7—贮存；8—超高温处理；9—无菌灌装

二、工艺要点

(一) 原料乳的验收及预处理

淡炼乳生产过程中要经过高温灭菌，所以对原料的要求较严格。应选择新鲜优质的牛乳，其酸度不能＞18°T；原料乳验收时，除进行感官检测、酒精试验、酸度测定等，还应做热稳定性试验；酒精试验必须用浓度75%的酒精；其净乳操作最好能用离心净乳机进行，实验证明，牛乳在30～40℃时离心净化能使存在于牛乳中芽孢量减少。

（二）标准化

脂肪不足时，要添加稀奶油；脂肪过高时，要添加脱脂乳或用分离机除去部分稀奶油。现代自动标准化系统保证了脂肪含量及脂肪与乳中非脂乳固体之间的关系，能连续进行精确的标准化。

（三）预热杀菌

在淡炼乳生产中，预热杀菌的目的不仅是为了杀菌和破坏酶的活性，而且适当加热可以调节盐类平衡，提高酪蛋白的稳定性，防止灭菌时凝固并赋予制品适当的黏度。

生产淡炼乳一般采用95～100℃、10～15min的杀菌条件，有利于提高热稳定性，同时使成品保持适当的黏度。预热温度低于95℃，尤其是在80～90℃时，其热稳定性显著降低，这是乳清蛋白凝集的结果；预热温度升高，其热稳定性亦提高，但黏度逐渐降低。所以，简单提高预热温度是不适当的。随预热温度升高，热稳定性逐渐提高，主要原因是高温加热会降低钙离子、镁离子的浓度，使乳中的钙离子成为不溶的磷酸钙沉淀，能与酪蛋白结合的钙相应减少，从而提高了酪蛋白的热稳定性。此外，适当高温还可使乳清蛋白凝固成微细的粒，分散在乳浆中，灭菌时不会再形成感官可见的凝块。

近年来多采用超高温瞬时杀菌来进一步提高热稳定性。如采用120～140℃、2～5s的杀菌条件，乳固体含量为26%的成品的热稳定性比采用95℃、10min的杀菌条件高6倍，是95℃、10min加稳定剂产品的2倍。因此，超高温处理可以降低稳定剂的使用量，甚至不使用稳定剂仍能获得稳定性高、褐变程度低的产品。

（四）真空浓缩

预热后的牛乳要进行真空浓缩，但因为预热温度高、沸腾激烈，容易产生大量泡沫，而且控制不当容易焦管，所以必须注意控制加热蒸汽量。

浓缩度按我国行业标准规定，淡炼乳成品中乳固体含量为26%，如原料乳标准化后乳脂肪率为3.2%，非脂乳固体为8.5%，则浓缩到1/2.2以上即可。浓缩终点的确定与甜炼乳一样，可用波美计的范围为0～10°Bé或5～12°Bé，每一刻度为0.1°Bé。

（五）再标准化

再标准化的目的是调整乳干物质浓度使其符合要求，因此也称浓度标准化。一般炼乳生产中浓度难于准确掌握，往往都是浓缩到比标准略高的浓度，然后加蒸馏水进行调整，所以再标准化习惯上就称为加水。因原料乳已进行过标准化，所以浓缩后的标准化称为再标准化。

加水量可按下式计算：

$$加水量=\frac{A}{F_1}-\frac{A}{F_2}$$

式中 A——标准化乳的脂肪含量，%；

F_1——成品的脂肪，%；

F_2——浓缩乳的脂肪，%，可用脂肪测定仪或盖勃氏法测定。

（六）均质

均质的目的是防止成品发生脂肪上浮，同时还可适当增加黏度。均质多采用二段均质法，第一段压力为15～17MPa，第二段3～5MPa。均质压力过高或过低都不可以，压力过高会使酪蛋白的热稳定性降低，过低又达不到破坏脂肪球的目的。均质温度一般以50～60℃为宜。均质效果可通过显微镜检查。

（七）冷却

均质后的浓缩乳要尽快冷却至10℃以下。若当日不能灌装，则要冷却到4℃。冷却温度对浓缩乳的稳定性有影响，冷却不足，则稳定性降低。

冷却时所用的冷却介质一般为冰水或冷盐水，冷盐水对管道有腐蚀作用，严重时会引起泄漏，乳中即使混入极少量的盐水也能使其热稳定性显著降低，故应加以注意。为了安全起见，用冷水冷却为妥。

（八）小样试验及稳定剂的添加

1. 小样试验

（1）小样试验的目的 淡炼乳生产中，为了延长保存期，罐装后还有一个二次灭菌过程。为提高乳蛋白质在高温灭菌时的稳定性，往往添加少量的稳定剂（磷酸盐），防止它在灭菌时凝固变性。为防止不能预计的变化而造成大量的损失，灭菌前应先按不同剂量添加稳定剂，试封几罐进行灭菌，然后开罐检查，以确定批量生产时稳定剂的添加量、灭菌温度和时间。此过程即为小样试验。

添加的稳定剂一般为磷酸盐类。添加磷酸盐可使浓缩乳的盐类达到平衡。因为正常情况下，乳中的钙、镁离子过剩，从而降低了酪蛋白的热稳定性。添加柠檬酸钠、磷酸氢二钠或磷酸二氢钠，则生成钙、镁的磷酸盐与柠檬酸盐，使可溶性钙、镁减少，因而增加了酪蛋白的热稳定性。稳定剂的添加量，按100kg原料乳计，加磷酸氢二钠或柠檬酸钠15～25g；按100kg淡炼乳计，加12～60g为宜。若添加过量，产品风味不好且褐变显著。准确添加量根据小样试验确定。

（2）小样试验的方法　由贮乳罐或槽中采取浓缩乳小样，添加0.005%～0.05%稳定剂（先配成饱和溶液），调制成含有各种计量稳定剂的样品，分别装罐、封罐。把样品放入小试用的灭菌机中，按照灭菌公式15min-20min-15min/116℃进行灭菌。灭菌结束冷却后取出小样检查。检查顺序是先检查有无凝固物，然后检查黏度、风味、色泽。如不合乎要求时，可通过降低灭菌温度或缩短保温时间，减慢灭菌机转速等加以调整，直至合乎要求为止。

2. 添加稳定剂

根据小样试验的结果，算出浓缩乳中稳定剂的添加量，称量好并溶解待用。稳定剂加入方法有两种，一种是小样试验后一次性加入，另一种是根据经验先加入一部分稳定剂，在灭菌试验后再补加剩余部分的稳定剂。具体哪一种方法可根据设备状况及产品稳定性加以选择。在浓缩乳中加入稳定剂的速度不能过快，应在搅拌的同时缓缓加到炼乳中，这样才能使稳定剂和浓缩乳充分混合，并发挥其稳定作用。

（九）装罐与封罐

浓缩乳中加入稳定剂后即可装罐、封罐。装罐时不要装满，罐顶要留有一定的空隙，一般控制在5mm左右。因为灭菌时，罐内炼乳会因为温度升高而膨胀，造成胀罐现象。淡炼乳装罐、封罐后要及时灭菌，否则要放在冷库中冷藏保存。

（十）灭菌

1. 灭菌目的

通过灭菌彻底杀灭微生物、钝化酶的活性，造成无菌条件，延长产品的保藏期。另外适当的高温处理可以提高淡炼乳的黏度，防止脂肪上浮，并且还可赋予淡炼乳特殊的芳香气味。不过淡炼乳的二次杀菌会引起美拉德反应造成产品轻微的棕色化。

2. 灭菌方法

（1）间歇式灭菌　先将装罐后的炼乳放入杀菌笼中，再放入回转式灭菌机中进行灭菌。一般按小样试验的方法进行灭菌，要求在 15min 内升温至 116℃，灭菌公式为 15min-20min-15min/116℃。这种杀菌方式操作比较麻烦，生产能力小，只适用于小批量生产。

（2）连续式灭菌　大规模生产多采用连续式灭菌机。灭菌机由预热区、灭菌区和冷却区三部分组成。封罐后的炼乳先进入预热区被加热到 93～99℃，然后进入灭菌区，升温至 114～119℃，经约 20min 运输后进入冷却区，冷却至室温。

（3）UHT 杀菌处理　将浓缩乳进行 UHT 杀菌（140℃，保持 3s），然后用无菌纸装。

（4）使用乳酸链球菌素改进灭菌法　乳酸链球菌素是一种安全性高的国际上允许使用的食品添加剂，人体每日允许摄入量为 0～33000IU/kg。由于淡炼乳生产必须采用强烈的杀菌制度，但长时间的高温处理，使得成品质量不够理想，且必须使用热稳定性高的原料乳。若生产中添加乳酸链球菌素，可减轻灭菌负担，进而就能较好地保持乳品质量，减少蛋白质凝固，也为利用热稳定性稍差的原料乳提供了可能性。

（十一）振荡

若灭菌操作不当，或使用了热稳定性较差的原料乳，则淡炼乳通常会出现软的凝块，经振荡可使凝块分散复原成均匀的流体。振荡应在灭菌后 2～3 天进行，使用水平振荡机进行振荡。每次振荡 1～2min，通常是 1min 以内。若延长振荡时间，会降低炼乳的黏度。生产中，若原料乳的热稳定性很好，灭菌操作及稳定剂添加量又符合要求，没有造成凝块出现的现象，就不必再进行振荡了。

（十二）保温试验

淡炼乳在出厂之前，一般还要经过保温试验。即将成品在 25～30℃条件下保温贮藏 3～4 周，观察有无膨罐，并开罐检查有无其他缺陷。必要时可抽取一定量的样品于 37℃条件下保藏 7～10 天，并加以观察检验。保温检查合格的产品方可装箱出厂。

第三节　炼乳加工的质量控制

一、胀罐

分为细菌性、化学性及物理性三类。

细菌性胀罐是受到耐高渗酵母菌、产气杆菌、酪酸菌、耐热芽孢杆菌等微生物的污染繁殖，产生乙醇和 CO_2 等气体使罐膨胀。这些微生物的存在主要是由于杀菌不完全，或混入不洁的蔗糖及空气所致（甜炼乳中加入含有转化糖的蔗糖时更易引起发酵产气）。

化学性胀罐是因为炼乳中酸性物质与罐内壁的铁、锡等发生反应生成锡氢化物而产生氢气造成的。防止措施：使用符合标准的空罐，并控制乳的酸度。

物理性胀罐是由于装罐温度低、贮藏温度高及装罐量过多而造成的。装罐过满，货运到高原、高空、海拔高、气压低的场所，即可能出现物理性胀罐，即所谓的“假胖听”。

二、变稠

炼乳在贮藏过程中，特别是温度较高时，黏度逐渐增高，甚至失去流动性而全部凝团，这一过程称为变稠。可分为微生物性变稠和理化性变稠两大类。

1. 微生物性变稠

炼乳受到污染或灭菌不彻底、封口不严等，由于芽孢杆菌、链球菌、葡萄球菌和乳酸杆菌的生长繁殖并代谢产生乳酸、甲酸、乙酸、丁酸、琥珀酸等有机酸和凝乳酶等，使炼乳变稠凝固，同时产生苦味、酸味、腐败味等异味，并使酸度升高。

防止措施：严格卫生管理、进行有效的预热杀菌、将设备彻底清洗消毒等，甜炼乳应尽可能提高蔗糖比（62.5%～64.5%，但不得超过64.5%，否则会析出蔗糖结晶），制品贮藏在10℃以下。

2. 理化性凝固或变稠

反应过程复杂，若使用热稳定性差的原料乳或生产过程中浓缩过度、灭菌过度、干物质量过高、均质压力过高、储藏温度高等因素均可导致凝固出现。理化性变稠与下列因素有关：

（1）酪蛋白或乳清蛋白含量　因为理化性变稠与蛋白质的胶体膨润性或水合现象有关，所以，酪蛋白或乳清蛋白含量越高，变稠现象越严重，乳蛋白（主要是酪蛋白）胶体状态的变化会引起从溶胶状态转变成凝胶状态。

（2）脂肪含量少　脂肪含量少的加糖炼乳能增大变稠现象，所以，脱脂炼乳显然易出现变稠现象，这是因为含脂制品的脂肪介于蛋白质粒子间，会防止蛋白质粒子的结合。

（3）预热条件　63℃、30min预热，变稠倾向减少，但易使脂肪上浮、脂肪分解和糖沉淀；75～100℃、10～15min预热，能使产品很快变稠；而110～120℃预热，则可减少变稠，产品趋于稳定；当温度再升高时，成品有变稀的倾向，并影响制品的颜色。

（4）原料乳的酸度　酸度高时，其热稳定性低，因而易于变稠。如果酸度稍高，用碱中和可以减弱变稠倾向，但酸度过高，用碱中和也不能防止变稠。

（5）盐类平衡　钙、镁离子过多会引起变稠，加入适量磷酸盐、柠檬酸盐来平衡过多的钙镁离子可使制品稳定。

（6）蔗糖含量与加糖方法　加入高渗的非电介质物质，可降低酪蛋白的水合性，增加自由水的含量，从而达到抑制变稠的目的，为此提高蔗糖含量对抑制变稠是有效的，特别是在乳质不稳定的季节。

（7）浓缩条件　浓缩接近结束时，若温度超过60℃，很易变稠，因此，最后的浓缩温度应<50℃。另外，浓缩程度高，黏度增加，乳固体含量高，变稠倾向严重；乳固体含量相同时，非脂乳固体含量高，变稠倾向显著。

（8）贮藏条件　优质产品在10℃以下贮存4个月，不会产生变稠倾向，但在20℃时变稠倾向有所增加，30℃以上时显著增加。

三、块状物的形成

甜炼乳中有时会发现白色、黄色乃至红褐色的大小不一的软性块状物质，其中，最常见的是由霉菌污染形成的纽扣状凝块，使炼乳具有金属味或陈腐的干酪味。霉菌污染后，在有氧条件下，炼乳表面在5～10天内生成霉菌菌落，2～3周内氧气耗尽则菌体趋于死亡，在其代谢酶的作用下，1～2个月后逐步形成纽扣状凝块。

控制措施：加强卫生管理，避免霉菌的二次污染；装罐要满，尽量减少顶隙；采用真空冷却结晶和真空封罐等措施，排除炼乳中的气泡，营造不利于霉菌生长繁殖的环境；贮藏温度保持15℃以下，并倒置贮藏。

四、砂状炼乳

甜炼乳的细腻与否，取决于乳糖结晶的大小，砂状炼乳是指乳糖结晶过大，以致舌感粗糙甚至有明显的砂状感觉。产生砂状炼乳的原因是：冷却结晶方法不当，或砂糖浓度过高（蔗糖比超过64.5%）。

控制措施：应对晶体质量和添加量（大小3～5μm，添加量为成品量的0.025%左右）、晶种添加时间和方法（加入温度不宜过高，应在强烈搅拌下用120目筛10min内均匀地筛入）、储藏温度、冷却速度、蔗糖比等因素进行控制。

五、褐变或棕色化

炼乳经高温灭菌或贮藏过程中颜色变深呈黄褐色，并失去光泽，这种现象称为褐变，通常是美拉德反应造成的。灭菌温度越高，保温时间越长，褐变越突出；甜炼乳用含转化糖的不纯蔗糖，或并用葡萄糖时，褐变就会显著。

防止褐变的方法：达到灭菌的前提下，避免过度的长时间高温加热处理；5℃以下保存；稳定剂用量不要过多；不宜使用碳酸钠，因其对褐变有促进作用，可用磷酸二氢钠或柠檬酸钠；生产甜炼乳时，使用优质蔗糖和优质原料乳。

六、沉淀

长时间贮藏的淡炼乳，罐底会生成白色的颗粒状沉淀物，此沉淀物的主要成分是柠檬酸钙、磷酸钙和磷酸镁，沉淀物的量与贮藏温度和在淡炼乳中盐的浓度呈正比。甜炼乳在冲调后，有时在杯底有白色细小沉淀，俗称“小白点”，其主要成分是柠檬酸钙。甜炼乳中柠檬酸钙的含量约 0.5%，相当于炼乳内每 1000mL 水中含柠檬酸钙 19g。在 30℃时，1000mL 水仅能溶解柠檬酸钙 2.51g。显然，柠檬酸钙在炼乳中处于过饱和状态，结晶析出是必然的。

控制柠檬酸钙的结晶，同控制乳糖结晶一样，可用添加柠檬酸钙作为晶种。在预热前的原料乳中或在甜炼乳的冷却结晶过程中添加柠檬酸钙（添加量为成品量的 0.02%～0.05%），可促进柠檬酸钙晶核的形成，有利于形成细微的柠檬酸钙结晶，可减轻或防止柠檬酸钙沉淀。

甜炼乳容器底部有时呈现糖沉淀现象，这主要是乳糖结晶过大形成的，也与炼乳的黏度有关（黏度越低越容易形成糖沉淀）。此外，蔗糖比过高，也会引起蔗糖结晶沉淀，其控制措施与砂状炼乳相同。甜炼乳的相对密度约 1.30，而 α-乳糖水合物的相对密度约 1.55，所以析出的乳糖在保藏中会自然下沉。若乳糖结晶在 $10\mu m$ 以下，而且炼乳的黏度适宜，一般不会沉淀。

七、脂肪分离

当成品黏度低、均质不当，以及贮藏温度较高的情况下，易发生脂肪上浮，防止办法：首先要控制好黏度，也就是采用合适的预热条件，使炼乳的初黏度不要过低；其次是浓缩温度不要过高，浓缩时间不要过长，特别是浓缩末期不应拉长；最后是浓缩后进行均质处理，使脂肪球变小。

八、异臭味

异臭味产生主要由于灭菌不完全，残留的细菌繁殖而造成酸败，散发苦味和臭味。

酸败臭是由于乳脂肪水解而生成的刺激味。在原料乳中混入了含脂肪酶多的初乳或末乳，污染了能生成脂肪酶的微生物；预热温度小于 70℃而使脂肪酶残留；原料乳未经加热处理破坏脂肪酶就进行均质等都会使成品炼乳产生脂肪分解而酸败。

蒸煮味是因为乳中蛋白质长时间高温处理而分解，产生硫化物的结果，蒸煮味的产生对产品口感有着很大的影响。防止方法主要是避免高温长时间的加热。

九、稀薄化

淡炼乳在贮藏期间会出现黏度降低的现象，称为渐增性稀薄化。稀薄化程度与蛋白质的含量成反比。如果黏度显著降低，会出现脂肪上浮和部分成分沉淀。影响黏度的主要因素是热处理过程，随着贮藏温度增高和时间延长，淡炼乳的黏度下降很大。在 0～5℃下低温贮藏可避免黏度降低，但在 0℃以下贮藏易导致蛋白质不稳定。

第八章

冷饮乳制品加工技术

第一节 概 述

一、概念及种类

冷饮乳制品主要包括冰淇淋和雪糕，其组织清滑细腻、形体紧密而柔软、风味醇厚持久，而且营养丰富、清凉甜美，深受广大消费者喜爱。

冰淇淋是以水、牛乳、乳粉、奶油（或植物油脂）、食糖等为主要原料，加入适量食品添加剂，经混合、灭菌、均质、老化、凝冻、硬化等工艺而制成的体积膨胀的冷冻饮品。其物理结构是一个复杂的物理化学系统，空气泡分散于连续的带有冰晶的液态中，包含有脂肪微粒、乳蛋白质、不溶性盐、乳糖晶体、胶体态稳定剂、蔗糖、乳糖、可溶性的盐，构成了一个由气相、液相和固相构成的三相体系。

根据产品的含脂率不同，可分为高级奶油冰淇淋（含脂率为14%～16%，总固形物含量为38%～42%）、奶油冰淇淋（含脂率为10%～12%，总固形物含量为35%～39%）、牛乳冰淇淋（含脂率为8%左右，总固形物含量为34%～37%）、果味冰淇淋（含脂率为3%左右，总固形物含量为32%～33%）。

雪糕是以水、乳品、食糖、食用油脂等为主要原料，添加适量增稠剂、香料、着色剂等食品添加剂，经混合、灭菌、均质或轻度凝冻、注模、冻结等工艺制成的冷冻饮品。

雪糕的总固形物、脂肪含量较冰淇淋低，根据产品的组织状态分为清型雪糕（不含颗粒或块状辅料，如菠萝味雪糕）、混合型雪糕（含有颗粒或块状辅料，如水蜜桃雪糕）和组合型雪糕（与其他冷冻饮品或巧克力等组合，巧克力雪糕）。

二、冷饮乳制品原料及添加剂

冷饮乳制品中常用的原料有水、脂肪、非脂乳固体、糖类、乳化剂、稳定剂、香料、色素等。

（一）水和空气

水在冰淇淋中是连续相，其作用是溶解盐、糖以及形成冰晶体。用水要符合国家《生活饮用水卫生标准》（GB 5749）的要求。空气是通过水脂乳浊液散布在混合料内。乳浊液由液态水、冰结晶体和凝结的乳脂肪球组成，水和空气的分界面被一层未冻薄膜所稳定。冰淇淋内空气的数量是重要的，因为它影响冰淇淋的质量和利润。除空气外，还可用液态氮、干冰（CO_2）等惰性气体。

（二）脂肪

脂肪的作用包括：为乳品冷饮提供丰富的营养及热能；影响冰淇淋、雪糕的组织结构，由于脂肪在凝冻时形成网状结构，赋予冰淇淋、雪糕特有的细腻润滑的组织和良好的质构；是冷饮乳制品风味的主要来源，油脂中的多种风味物质赋予冷饮乳制品独特的风味口感；增加冰淇淋、雪糕的抗融性，油脂熔点在24～50℃，而冰的熔点为0℃，因此，适当添加油脂，可以增加冰淇淋、雪糕的抗融性，延长冰淇淋、雪糕的货架期。

脂肪约占冰淇淋混合料质量的5%～15%，雪糕中含量在2%以上。过低了不仅影响冰淇淋的风味，而且使冰淇淋的发泡性降低，过高会使冰淇淋、雪糕成品形体变得过软。脂肪的来源有稀奶油、奶油、生乳、炼乳、全脂乳粉等；但由于乳脂肪价格高，通常使用相当量的植物脂肪来取代乳脂肪，主要有起酥油、人造奶油、棕榈油、椰子油等。

（三）非脂乳固体

一般成品中非脂乳固体含量以8%～10%为宜，其最大用量不超过产品中水分的16.7%，以免产品因乳糖过饱和而析出砂状沉淀。非脂乳固体使冰淇淋具有良好的组织结构，但含量过高时，会影响风味，如产生轻微咸味，若成品贮藏过久，会产生砂状结构；若含量过少，成品的组织疏松，缺乏稳定性且易于收缩。

（四）甜味剂

甜味剂具有提高甜味、增加干物质含量、降低冰点、防止重结晶的作用，甜味剂还能影响料液的黏度，控制冰晶的增大，并对产品的色泽、香气、滋味、形态、质构和保藏起着重要作用。蔗糖最为常用，用量15%左右，过少会使制品甜味不足，过多则缺乏清凉爽口的感觉，并使料液冰点降低（每增加2%的蔗糖，料液冰点降低0.22℃），凝冻时膨胀率不易提高，易收缩，成品容易融化。

通常用果葡糖浆代替部分蔗糖。较低DE值（葡萄糖当量值）的淀粉糖浆能使冷饮乳制品玻璃化转变温度提高，降低制品中冰晶的生长速率。淀粉糖浆具有抗结晶作用，一般用淀粉糖浆代替蔗糖的1/4为宜，两者并用时，制品的硬度、口感、咀嚼性、贮运性和抗融性能更佳。为满足一些特定病患者如糖尿病患者的需要，可使用甜味剂代替糖。甜味剂没有营养价值，且不能用于甜炼乳中作为防腐剂。

常用甜味剂包括转化糖浆、阿斯巴甜、阿力甜、安赛蜜、甜蜜素、甜叶菊糖、罗汉果甜苷、山梨糖醇、麦芽糖醇、葡聚糖（PD）等，但不能超过1/2蔗糖用量，否则风味会受到影响。

（五）乳化剂

指通过减小液体产品的表面张力来协助乳化作用的表面活性剂，在其分子中具有亲水基和亲油基，易在水与油的界面形成吸附层，可使一相很好地分散于另一相中而形成稳定的乳化液。

常用的乳化剂主要是天然脂肪酯化的非离子衍生物，为在一个或多个脂溶性残基上结合一个或多个水溶性残基。用于冰淇淋的乳化剂包括：甘油一酸酯（单甘酯）、蔗糖脂肪酸酯（蔗糖酯）、聚山梨酸酯、山梨醇酐脂肪酸酯、丙二醇脂肪酸酯（PG酯）、卵磷脂等。乳化剂的添加量与混合料中脂肪含量有关，一般随脂肪量增加而增加，范围为0.1%～0.5%，复合乳化剂的性能优于单一乳化剂。

除了乳化作用外，乳化剂在冷饮中的作用还包括：分散脂肪球以外的粒子，使脂肪呈微细乳浊状态，并使之稳定化；改善混合料的起泡性和光滑性；使内含冰晶的气泡变得更小，并能均匀分布在混合料中；增加室温下产品的耐热性，即增强了其抗融性和抗收缩性；防止或控制粗大冰晶形成，使产品组织细腻。

（六）稳定剂

稳定剂是一类能分散在液相中大量结合水分子的物质，具有亲水性，能够形成三维网状架构，防止水分自由移动。使用稳定剂的目的是稳定和改善冰淇淋的物理性质和组织状态；提高冰淇淋料液的黏度和膨胀率；提高冰淇淋的凝结能力，防止或减少温度波动时冰晶体的重结晶和乳糖晶体的生长，从而使产品均一稳定，减少粗糙的感觉，使成品的组织润滑；使制品不易融化，延缓产品的融化过程。

稳定剂的类型有蛋白质型和碳水化合物型两类，常用明胶、干酪素、琼脂、果胶、CMC、瓜尔胶、黄原胶、卡拉胶、海藻胶、藻酸丙二醇酯、魔芋胶、变性淀粉等。使用两种以上的混合稳定剂的效果更好。

明胶是较佳的稳定剂之一，膨胀时吸收其本身质量14倍的水，它在温水中能溶胀，但在70℃热水中将失去凝胶能力；琼脂的凝胶能力超过明胶，但使用时会使冰淇淋具有较粗的组织状态。

稳定剂的添加量依冰淇淋的成分组成而变化，尤其是依总固形物含量而异，一般占冰淇淋混合料的0.1%～0.5%。

（七）香味剂

冰淇淋中常用香草、奶油、巧克力、草莓和坚果香精作为香味剂，香料的选择应考虑两个重要因素：香料的类型和浓度。

香精一般可单独或搭配使用，一般在冷饮中用量为0.075%～0.1%。香气类型接近的较易搭配，反之较难，如水果与乳类、干果与乳类易搭配，而干果类与水果类之间则较难搭配。除了用香精调香外，亦可直接加入果仁、鲜水果、鲜果汁、果冻等，进行调香调味，果仁用量一般为6%～10%，鲜水果（经糖渍）用量为10%～15%。香味剂可在混料段加入，也可在混合料凝冻后添加。

（八）着色剂

协调的色泽，能改善冷饮乳制品的感官品质，大大增进人们的食欲。调色时，应选择与产品名称相适应的着色剂，并以淡薄为佳，如橘子冰淇淋应配用橘红或橘黄色素为佳。常用的着色剂有红曲色素、姜黄色素、叶绿素铜钠盐、焦糖色素、红花黄、胡萝卜素、辣椒红、胭脂红、柠檬黄、日落黄、亮蓝等。

第二节　冰淇淋生产

一、工艺流程

冰淇淋制造过程大致可分为前、后两个工序。前道工序为混合工序，包括配料、杀菌、均质、冷却与成熟。后道工序则是凝冻、成型和硬化，它是制造冰淇淋的主要工序。冰淇淋生产工艺流程如图 8-1。

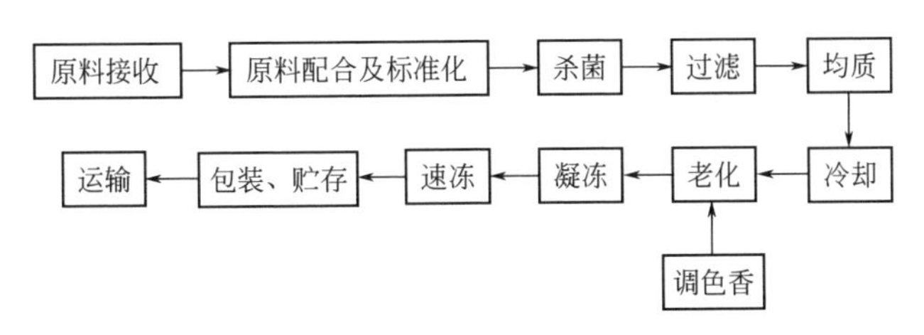

图 8-1　冰淇淋生产工艺流程

二、工艺要点

（一）原料的接收

各种原料均需有厂家名称、生产日期、生产许可证，并且经供应部感官检验合格及生产厂家品控管理中心检验合格后方能接收。

（二）原料的配合及标准化

将各种冰淇淋的原料（牛乳及乳制品、糖、稳定剂、明胶、淀粉、鸡蛋、香料及色素）以适当的比例在配料缸内加以混合称为原料的配合。严格按照配方准确称取，按照冰淇淋生产工艺标准进行配料。

1. 配料准备

防止稳定剂在配料过程中产生结团不溶现象，可将稳定剂或复合乳化剂与其 5 倍以上的砂糖干混，在带有高速搅拌器的打浆机中加水分散溶解。

2. 加料顺序

① 加入浓度低的牛乳或部分水；

② 加入与稳定剂干混以外剩余的砂糖，搅拌溶解；

③ 加入液体糖浆等液态物料；
④ 加入乳粉、糊精粉等粉状物料，搅拌溶解；
⑤ 加温至50～60℃；
⑥ 加入已配制溶解的稳定剂浆液；
⑦ 加入奶油、棕榈油脂类物料；
⑧ 最后以饮用水做容量调整。

（三）杀菌

原料标准化后，对配制完的料液边搅拌边定容，同时通热蒸汽，将料液在杀菌锅内升温至80～85℃，停止通热蒸汽，使料液在完全静止的状态下保温10～12min，保温过程中不许开启锅盖，确保杀灭料液中的病原微生物。

（四）过滤

将杀菌后的料液通过20目的双联过滤器，然后泵入缓冲缸内，将料液中直径＞1mm的异物滤出，并使其温度降至65～70℃，以达到均质目的，同时减轻后序板式换热器的负荷。

（五）均质

均质可使脂肪球粒径达到1～2μm，同时增加混合料黏度，使冰淇淋组织细腻；脂肪均匀分布，组织润滑柔软，稳定性和持久性增加，膨胀率提高。未经均质处理的混合料制成的冰淇淋，成品质地较粗很难获得分散均匀的混合物。

均质最佳温度为65～70℃，在此温度下均质，则凝冻搅拌时间缩短；若在＞80℃下均质，则会促使脂肪凝集，使膨胀率降低。最佳均质压力在10～15MPa，小于10MPa，脂肪乳化效果不佳，影响冰淇淋的质地和形体；若均质压力＞15MPa，则均质后的混合黏度过大，凝冻时空气不易混入，影响膨胀率并延长凝冻搅拌时间。

（六）冷却

料液通过板式换热器用－2～2℃的冰水降温，使冰淇淋料液温度冷却至老化温度2～4℃。冷却目的是迅速降低料液温度，防止脂肪上浮。冷却温度要适合于老化，不宜过低，若料液温度小于0℃，会使混合料产生冰晶，影响冰淇淋的质量；混合料温度过高会使酸味增加，影响香味，也会影响凝冻，冷却后可以避免。

（七）调色香

料液使用前30min，严格按照配方选取香精色素，用经校准的电子天平或托盘天平称量，使用经清洗消毒的容器调配添加。

（八）老化

将混合原料在2～4℃的低温下保持4～24h，进行物理成熟。目的在于使蛋白质、脂肪凝结物和稳定剂等物料充分溶胀水化。提高黏度，以利于凝冻膨胀；提高膨胀，改善冰淇淋的组织结构状态。

（九）凝冻

将混合原料在强制搅拌下进行冷冻，使空气呈极微小的气泡状态均匀分布于混合原料中，使20%～40%的水分呈微细的冰结晶。

1. 空气的混入量

凝冻过程中一边压入一定的空气，一边强烈搅拌，使空气以极微小的气泡状态均匀地分布于全部混料中，不仅增加了冰淇淋的体积，而且可以改善制品的组织状态。没有空气的冰淇淋，其制品坚硬而没有味道；空气混入过多，虽然会增大冰淇淋的体积，但会使制品的口感和组织状态劣变。这种将混合基料凝冻、搅拌、混入空气而使冰淇淋的体积增加的现象称为增容。冰淇淋增容膨胀的大小用膨胀率来表示：

膨胀率=(冰淇淋的体积－混合料的体积)/混合料的体积×100%

奶油冰淇淋的适宜膨胀率为90%～100%，果味冰淇淋为60%～70%，一般膨胀率以混合原料干物质的2～2.5倍为宜。膨胀率也受原料的含量影响，脂肪在10%以下时，制品随脂肪含量的增加而膨胀率增大。无脂固形物在8%～10%时冰淇淋的膨胀率较好。砂糖含量在13%～14%时较合适。明胶等稳定剂过多会使黏度增大而降低膨胀率。

2. 凝冻温度

冰淇淋的组织状态和所含冰结晶的大小有关，只有迅速冻结，冰结晶才会变得细小。连续式冰淇淋凝冻机（见图8-2）可使混合料中的水分形成5～10μm的结晶，使产品质地滑润，无颗粒感。冰淇淋凝冻机的出口温度应以－6～－3℃为宜。细小冰结晶的形成还和搅拌强度、混合基料本身的温度及黏度有关。成熟后送入冰淇淋凝冻机的混合料温度应在2～3℃较好。

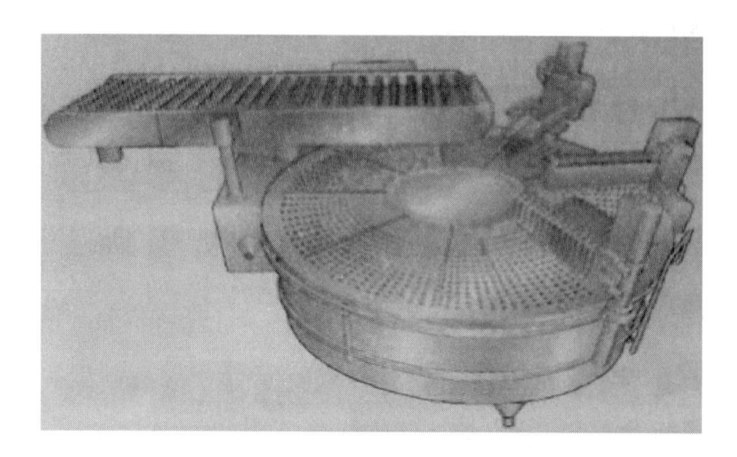

图 8-2 连续式冰淇淋凝冻机

如果在凝冻过程中出现凝冻时间过短的现象，这主要是由冰淇淋凝冻机的冷冻温度或混合基料的温度过低所致，这会造成冰淇淋中混入的空气量过少、气泡不均匀、产品组织坚硬厚重、保形不好。反之，如果凝冻时间过长是由冰淇淋凝冻机的冰冻温度和混合料的温度过高，以及非脂乳固体含量过高引起的，其结果致使混入的气泡消失，乳脂肪凝结成小颗粒，产品的组织不良，口感差。

（十）速冻

将切割、灌模（杯）成型后的产品迅速进行硬化，杯类灌装线要求隧道温度≤－30℃，切片线要求隧道温度≤－35℃，花色生产线盐水温度≤－28℃，确保产品冻结坚实，便于产品的保形与运输。

（十一）包装

调节包装机参数，备好包装膜对产品进行一级包装，将经过一级包装的产品，按“工艺通知单”的装箱支数要求装入瓦楞纸包装箱，胶带封存。

（十二）贮存

按品种、批次分类存放，防止相互混杂；成品库不得贮存有毒、有害物品或其他易腐、易燃品；成品库温度≤－22℃，并保证温度均衡。

（十三）运输

运输工具（包括车厢、船舱和各种容器等）应符合卫生要求；要根据产品运输距离环境配备防雨、防尘、冷藏设施；运输作业应避免强烈振荡、撞击，轻拿轻放，防止损伤成品外形；且不得与有毒有害物品混装、混运，作业终了，搬运人员应撤离工作地，防止污染食品；冷藏车温度必须≤－18℃。

第三节　冰淇淋的质量控制

冰淇淋是一种冻结的乳制品，其物理结构是一个复杂的物理化学系统，要达到规定的冰淇淋质量标准及物理结构，应该从冰淇淋混合料的组成（配方与原辅料质量）、生产工艺条件和生产设备三方面去分析研究。

一、影响因素

（一）冰淇淋混合料组成

制作冰淇淋的主要原辅料有脂肪、非脂乳固体、甜味料、乳化剂、稳定剂、香料及色素等。

（二）冰淇淋生产工艺条件

冰淇淋的生产工艺过程必须遵照一定的技术条件来完成，否则就不能制作出质量优良的产品。

1. 原料的检查

原辅料质量好坏直接影响冰淇淋质量，所以各种原辅料必须严格按照质量标准进行检验，不合格者不许使用。通常首先进行感官检查，其次检测原料的相对密度、黏度以及固形物、脂肪、糖分等含量是否符合规格，其细菌数以及砷、铅重金属等的含量是否在法定标准以下，以及所使用的食品添加剂是否符合规定等。

2. 配料混合

混合料的配制首先应根据配方比例将各种原料称量好，然后在配料缸内进行配制，原料混合的顺序宜从浓度低的水、牛乳等液体原始料，其次为炼乳、稀奶油等液体原料，再次为砂糖、乳粉、乳化剂、稳定剂等固体原料，最后以水、牛乳等做容量调整。混合溶解时的温度通常为40～50℃。乳粉在配制前应先加水溶解，均质一次，再与其他原料混合，砂糖应先加入适量的水，加热溶解过滤。冰淇淋复合乳化稳定剂与其5倍以上的砂糖拌匀后，在不断搅拌的情况下加到混合缸中，使其充分溶解和分散。

3. 杀菌

混合料的酸度及所采用的杀菌方法，对产品的风味有直接影响。混合料的酸度以0.18%～0.20%乳酸度为宜，酸度高时杀菌前需用氢氧化钙或小苏打进行中和。否则，杀菌时不仅会造成蛋白质凝固，而且影响产品的风味，但中和时需注意防止中和过度而产生涩味。冰淇淋混合料在杀菌缸内用夹套蒸汽加热至温度达78℃时，保温30min进行杀菌，若用连续式巴氏杀菌器进行高温短时杀菌，以83～85℃、15s应用最多，否则高温长时间杀菌易使产品产生蒸煮味和焦味。

4. 均质

混合料均质对冰淇淋的形体、结构有重要影响。均质一般采用二级高压均质机进行均质，使脂肪球直径达1～2μm，同时使混合料黏度增加，防止在凝冻时脂肪被搅成奶油粒，以保证冰淇淋产品组织细腻。均质处理时最适宜的温度为65～70℃，均质一级压力为15～20MPa，二级2～5MPa，均质压力随混合料中的固形物和脂肪含量的增加而降低。

5. 冷却、老化

老化是将混合料在2～4℃的低温下冷藏一定时间，又称为“成熟”或“熟化”。其实质在于脂肪、蛋白质和稳定剂的水合作用，稳定剂充分吸收水分使料液黏度增加，有利于凝冻搅拌时膨胀率的提高。

老化时间与料液的温度、原料的组成成分和稳定剂的品种有关，一般在2～4℃下需要4～24h。老化时要注意避免杂菌污染，老化缸必须事先经过严格的消毒杀菌，以确保产品的卫生质量。

6. 凝冻

凝冻过程是将混合料在强制搅拌下进行冰冻，使空气以极微小的气泡状态均匀分布于全部混合料中，一部分水成为冰的微细结晶的过程。凝冻具有以下作用：

① 冰淇淋混合料受制冷剂的作用而温度降低，黏度增加，逐渐变厚成为半固体状态，即凝冻状态。

② 由于搅拌器的搅动，刮刀不断将筒壁的物料刮下，防止混合原料在壁上结成大的冰屑。

③ 由于搅拌器的不断搅拌和冷却，在凝冻时空气逐渐混入从而使其体积膨胀，使冰淇淋达到优美的组织与完美的形态。

凝冻温度－4～－2℃，间歇式凝冻机凝冻时间为15～20min，冰淇淋的出料温度一般在－5～－3℃，连续凝冻机进出料是连续的，冰淇淋出料温度为－6～－5℃，连续凝冻必须经常检查膨胀率，从而控制恰当的进出量以及混入的空气。

7. 成型灌装

根据产品工艺选择成型模具、灌料小车，经清洗消毒后，灌装（切片、灌模）成型。凝冻后的冰淇淋必须立即成型和硬化，以满足贮藏和销售的需要，冰淇淋的成型由冰砧、纸杯、蛋筒、浇模、巧克力涂层、异形冰淇淋切割线等多种成型灌装机完成。

8. 速冻、硬化与贮藏

速冻、硬化的目的是将从凝冻机出来的冰淇淋（－5～－3℃）迅速进行低温（<－23℃）冷冻，以固定冰淇淋的组织状态，并完成在冰淇淋中形成极细小的冰结晶过程，使其组织保持适当的硬度，保证冰淇淋的质量，便于销售与贮藏运输。

速冻、硬化可采用速冻库（－25～－23℃）或速冻隧道（－40～－35℃）。一般硬化时间在速冻室内为10～12h，若是采用速冻隧道时间将短得多，只需30～50min。影响硬化的条件有包装容器的形状与大小、速冻室的温度与空气的循环状态、速冻室内制品的位置以及冰淇淋的组成成分和膨胀率等因素。贮藏硬化后的冰淇淋产品，在销售前应保存在低温冷藏库中，库温为－20℃。

（三）冰淇淋生产设备

生产冰淇淋的设备按工艺流程顺序有配料缸、杀菌器、均质机、板式冷却器、老化、凝冻机、灌装机、速冻库、冷藏库等，其中对冰淇淋质量影响最大的是杀菌器、均质机、凝冻机、速冻库（或速冻隧道）。

1. 杀菌器

冰淇淋混合料的杀菌设备有各种不同的形式和结构，一般分为间歇式和连续式两大类，间歇式杀菌器又称“冷热缸”，结构简单，易于制造，操作方便，价格低廉，为一般冷饮厂所广泛采用。较为先进的冷饮厂多采用高温短时巴氏杀菌装置，对混合料进行自动化的连续杀菌，该装置主要由设计成四段的板式热交换器、均质机、控制柜、阀门、管道组成。其特点是杀菌效果好，混合料受热时间短，尤其是乳品成分因热变性的影响较少，从而保证产品的质量。

2. 均质机

目前较多使用的是双级高压均质机，由二级均质阀和三柱塞往复泵组成。冰淇淋混合料通过第一级均质阀（高压阀）使脂肪球粉碎达到1～2μm，再通过第二级均质阀（低压阀）以达到分散的作用，从而保证冰淇淋物理结构中脂肪球达到规定的尺寸，使组织细腻润滑，所以均质机的质量好坏对冰淇淋质量有直接的影响。

3. 凝冻机

凝冻机是混合料制成冰淇淋成品的关键性机械设备。凝冻机按使用制冷剂种类不同可分为氨液凝冻机、氟利昂凝冻机等。按生产方式又分为间歇式和连续式两种，连续式凝冻机在现代冰淇淋生产中较常用，混合料在0.15～0.2MPa压力下泵入和放出，这样就可以使用低的冷冻温度冻结更多的水分，使其制品的冰结晶直径控制在10～50μm，气泡的直径在30～150μm左右，从而组成均匀的混合体，它所制成的冰淇淋组织均匀和细腻润滑，同时达到生产连续性和高效性生产能力。

4. 速冻库（或速冻隧道）

当冰淇淋制品离开灌装机时，其温度为－5～－3℃，在此温度下约有30%～40%的混合料中的水分被冻结，为了确保冰淇淋产品的稳定和凝冻后留下的大部分水分冻结成极微小的冰结晶以及便于贮藏、运输和销售，必须迅速地将分装后的冰淇淋进行速冻硬化，然后转入冷库贮藏。

冰淇淋硬化的优劣对产品最后品质有着至关重要的影响，硬化迅速则融化少，组织中的冰晶细，成品细腻润滑；若硬化缓慢，则部分融化，冰的结晶大，成品粗糙，品质低劣。为此目前较先进的生产厂多采用速冻隧道，速冻隧道长度一般为12～15m，隧道内温度通常为－40～－35℃，速冻时间为1h，如冰淇淋是分装过的小块，则冰淇淋在隧道上经过30～50min后，其温度能从－5℃左右下降到－20～－18℃。由于硬化迅速、温度低，冰淇淋形体稳定、结晶小、质地细腻圆滑。

二、质量控制

冰淇淋的生产如果控制不当，就可能出现种种缺陷，造成成品感官状态的缺陷或成品的污染。

（一）感官缺陷

1. 风味缺陷

冰淇淋的风味缺陷大多是由下列几种因素造成的：

（1）甜味不足　主要是由配方设计不合理，配制时加水量超过标准，配料时发生差错或不等值地用其他糖来代替砂糖等原因造成因。多香味或香味不正，主要是由于加入香精过多，或香精本身的品质较差、香味不正，使冰淇淋产生苦味或异味。

（2）酸败味　一般是由使用酸度较高的奶油、鲜乳、炼乳，混合料采用不适当的杀菌方法，搅拌凝冻前混合原料搁置过久或老化温度回升、细菌繁殖、混合原料产生酸败味等所致。

（3）煮熟味　在冰淇淋中加入经高温处理的含有较高非脂乳固体量的乳制品，或者混合原料经过长时间的热处理，均会产生煮熟味。

（4）咸味冰淇淋　含有过多的非脂乳固体或者被中和过度、在冰淇淋混合原料中采用含盐分较高的乳清粉或奶油，以及冻结硬化时漏入盐水，均会产生咸味、苦味。

（5）金属味　制造时采用铜制设备，如间歇式冰淇淋凝冻机内凝冻搅拌所用铜质刮刀等，能产生金属味。

（6）油腻味及油酚味　一般是由于使用过多的脂肪或带油腻味、油酚味的脂肪以及填料而产生的味道。

（7）臭败味　主要是由于乳脂肪中丁酸水解，混合原料杀菌不彻底，细菌产生脂肪酶所致。

（8）烧焦味　一般是由冷冻饮品混合原料加热处理时，加热方式不当或违反工艺所造成的，另外，使用酸度过高的牛乳时，也会出现此种现象。

（9）氧化味　在冰淇淋中，极易产生氧化味，说明产品所采用的原料不够新鲜；氧化味可能在一部分或大部分乳制品或蛋制品中存在，其原因是脂肪的氧化。

2. 组织缺陷

（1）组织粗糙　在制造冰淇淋时，冰淇淋组织的总干物质量不足、砂糖与非脂乳固体量配合不当、稳定剂的品质较差或用量不足、混合原料所用乳制品溶解度差、不适当的均质压力、凝冻时混合原料进入凝冻机温度过高、机内刮刀刀刃太钝、空气循环不良、硬化时间过长、冷藏温度不正常、冰淇淋融化后再冻结等因素，均能造成冰淇淋组织中产生较大的冰结晶体而使组织粗糙。

（2）组织松软　往往与冰淇淋含有多量的空气泡有关。这种现象在使用干物质量不足的混合原料或者使用未经均质的混合原料以及膨胀率控制不良时所产生。

（3）面团状的组织　在制造冰淇淋时，稳定剂用量过多，硬化过程掌握不好，均能产生这种缺陷。

（4）组织坚实　含总干物质量过高及膨胀率较低的混合原料，所制成的冰淇淋会具有这种组织状态。

3. 形体缺陷

（1）形体太黏　形体过黏的原因与稳定剂使用量过多、总干物质量过高、均质时温度过低以及膨胀率过低等因素有关。

（2）有奶油粗粒　冰淇淋中的奶油粗粒，一般是由混合原料中脂肪含量过高、混合原料均质不良、凝冻时温度过低以及混合原料酸度较高所造成的。

（3）融化缓慢　由稳定剂用量过多、混合原料过于稳定、混合原料中含脂量高以及使用较低的均质压力等所造成。

（4）融化后成细小凝块　一般是混合原料高压均质时，酸度较高或钙盐含量过高，而使冰淇淋中的蛋白质凝成小块。

（5）融化后成泡沫状　由于混合原料的黏度较低或有较大的空气泡分散在混合原料中，当冰淇淋融化时，会产生泡沫现象。主要是由制造冰淇淋时稳定剂用量不足或稳定剂选用不当没有完全稳定引起的。

（6）冰的分离　冰淇淋的酸度增高，会造成冰分离的增加；稳定剂采用不当或用量不足，混合原料中总干物质不足或混合料杀菌温度低，均能增加冰的分离。

（7）冰砾现象　冰淇淋在贮藏过程中，常常会产生冰砾。冰砾通过显微镜的观察为一种小结晶物质，这种物质实际上是乳糖结晶体，因为乳糖在冰淇淋中较其他糖类难于溶解。如冰淇淋长期贮藏在冷库中，在其混合原料中存在晶核、黏度适宜以及有适当的乳糖浓度与结晶温度时，乳糖便在冰淇淋中形成晶体。当冰淇淋的温度上升时，一部分冰淇淋融化，增加了不凝冻液体的量和减低了物体的黏度。在这种条件下，适宜于分子的渗透，而水分聚集后再冻结使组织粗糙。

（二）冰淇淋的收缩

冰淇淋的收缩现象是冰淇淋生产中重要的工艺问题之一。主要原因是冰淇淋硬化或贮藏温度变异，黏度降低和组织内部分子移动，从而引起空气气泡的破坏，空气从冰淇淋组织内溢出，使冰淇淋发生收缩。

冰淇淋混合原料在冰淇淋凝冻机中，由于搅拌器高速度的搅拌，空气在一定的压力下被搅成很细小的空气气泡，因空气的存在扩大了冰淇淋的体积。因此存留在冰淇淋组织内的空气的压力，一般较外界的高。

温度的变异对冰淇淋组织有很大影响，因为当温度上升或下降时，空气的压力亦相应地随着温度的变异而发生变化；在硬化室和冷藏库中，其温度的变化是很难避免的。当冰淇淋温度升高时，则冰淇淋组织中空气气泡的压力也相应增加，同样情况下由于温度上升，冰淇淋表面开始受热而逐渐变软，甚至产生部分融化现象，同时黏度也相应降低。接近冰淇淋表面的空气气泡由于压力的增加而破裂逸出，变软或甚至融化的冰淇淋即陷落而代替逸出的空气，因此，冰淇淋发生体积缩小现象。这种体积缩小现象，即冰淇淋的收缩。

因此，冰淇淋组织内部压力的变化，一般受温度变化的影响，当冰淇淋从较低温度处被转至较高温度处时，必然会增加冰淇淋组织内部的压力，而给予空气逸出的能力。影响冰淇淋收缩的几个主要因素：

1. 膨胀率过高

冰淇淋膨胀率过高，则相对减少了固体的数量及流体的成分，因此，在适宜的条件下，容易发生收缩。

2. 蛋白质不稳定

蛋白质不稳定，容易导致冰淇淋收缩。不稳定的蛋白质，其所构成的组织一般缺乏弹性，容易泄出水分，在水分泄出之后，其组织因收缩而变坚硬。蛋白质不稳定的因素，主要在于乳固体的脱水采用了高温处理，或是由于牛乳及乳脂的酸度过高等。故这种原料在使用前，应先检验并加以适当的控制。如采用新鲜、质量好的牛乳和乳脂，以及混合原料在低温时老化，能增加蛋白质的水解量，则冰淇淋的质量能有一定的提高。

3. 糖含量过高

冰淇淋中糖分含量过高，相对地降低了混合料的凝固点。在冰淇淋中，砂糖含量每增加2%，则凝固点一般相对地降低约0.22℃。如果使用淀粉糖浆或蜂蜜等，则将延长混合原料在冰淇淋凝冻机中搅拌凝冻的时间，其主要原因是分子量低的糖类的凝固点较分子量高者低。

4. 细小的冰结晶体

在冰淇淋中，由于存在极细小的冰结晶体，因而产生细腻的组织，这对冰淇淋的形体和组织来讲，是很适宜的。然而，针状冰结晶使冰淇淋组织冻得较为坚硬，它可抑制空气气泡的逸出。

5. 空气气泡

冰淇淋混合原料在冰淇淋凝冻机中进行搅拌凝冻时，因凝冻机的搅拌器快速搅拌，而使空气在一定压力下被搅拌成许多很细小的空气气泡，这些空气气泡被均匀地混合在一个温度较低而黏度较高的混合原料中，扩大了冰淇淋的体积。在冰淇淋中，由于空气气泡本身的直径与其所受压力成反比，因此气泡小则其压力反而大，同时，空气气泡周围则较小，故在冰淇淋中，细小空气气泡更容易从冰淇淋组织中逸出。

针对上述冰淇淋的一些收缩原因，如在工艺操作上采用下列一些措施，严格地加以控制，收缩可以得到一定的改善：

① 采用品质较好、酸度低的鲜乳或乳制品为原料，在配制冰淇淋时用低温老化，可以防止蛋白质含量的不稳定。

② 在冰淇淋混合原料中，糖分含量不宜过高，并不宜采用淀粉糖浆，以防凝冻点降低。

③ 严格控制冰淇淋凝冻搅拌操作，防止膨胀率过高。

④ 严格控制硬化室和冷藏库内的温度，防止温度升降，尤其当冰淇淋膨胀率较高时更需注意，以免使冰淇淋受热变软或融化。

（三）卫生指标的控制

1. 个人卫生制度的要求

做好进入车间前脚穿胶鞋的消毒工作（即浸入氯水池内），凡经过消毒的手除因工作需要必须接触的器具外，切勿接触身体、发、肤、工作台，否则必须重新清洗，消毒一次。

每个操作人员须是经体检健康者。操作时不得戴首饰、手表，必须将头发全戴入帽内，工作场地不得带个人物品及非生产用品。

2. 设备卫生制度的要求

凡车间的设备、器具应做到彻底刷洗、消毒。清洗工作比消毒工作更为重要，设备的管道内或器具中存有的乳垢系生产中产品液的残留物质，如果因设备清洗工作管理不善，使拌料缸、夹层杀菌缸、均质泵、板式冷却器、老化缸、凝冻机、灌装机、物料管路等处有乳垢存在，则对乳品质量有较大影响。乳垢是细菌的良好培养基，加上车间温度与相对湿度都比较高，在这种条件下，乳垢中的细菌便会大量繁殖，使乳垢发生变化，先是变酸、发酵，以后发臭、变质，同时还会直接影响冰淇淋的风味，甚至使产品严重污染。

3. 车间卫生制度的要求

① 生产车间的墙壁及天花板都应铺上乳白色或乳黄色的瓷砖，地面应铺上耐酸、耐碱的红钢砖或水磨石；

② 车间的下水道要做成明沟，以利刷洗与畅通；

③ 车间地面不得有杂物并应保持清洁；

④ 车间应备有消毒水及消毒设备，并经常保持清洁；

⑤ 车间内不得有苍蝇、蚊子或其他害虫。

4. 环境卫生制度的要求

① 车间四周要经常保持清洁，要有专人负责打扫；

② 楼梯入口处地面要保持清洁干燥；

③ 严禁随地吐痰与乱扔杂物等。

第四节　雪糕生产

雪糕与冰淇淋相比，最大的区别是总固形物及脂肪含量比冰淇淋低，其次是生产工艺上，雪糕生产不经过凝冻或只进行轻度凝冻，所以雪糕的口感及营养价值比冰淇淋都要逊色。

一、工艺流程

雪糕加工工艺流程如图 8-3 所示。

二、工艺要点

1. 原料的验收

原辅料质量的好坏直接影响到产品质量。因此，各种原辅料必须严格按照质量标准进行检验，不合格者不允许使用。通常首先进行感官检查，若外观上变色、有异物混入，以及有异味异臭者必须除去。同时检测原料的相对密度、黏度以及固形物、脂肪、糖等含量是否合格，其细菌以及砷、铅重金属的含量是否在法定标准之下，使用的食品添加剂是否合乎规定等。液体原料在收纳时

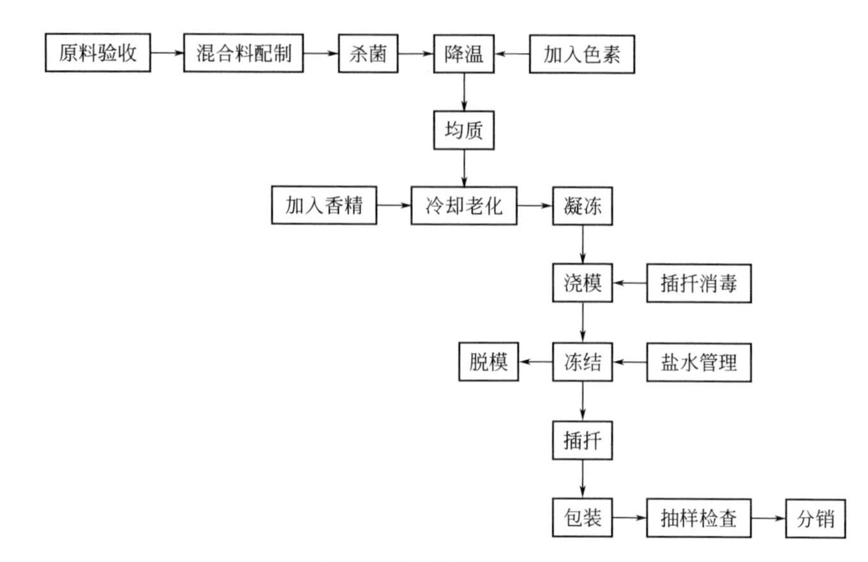

图 8-3 雪糕加工工艺流程

要及时进行冷却灌装，必要的原料需杀菌处理。

2. 混合料配制

按配方领料或仓库送料时要进行验收与复称，在配料时如凭感官发现原料有不良现象时要抽样送化验室化验，待化验室结果出来后再进行配料。配料时，可先将黏度低的原料，如水、牛乳、脱脂乳等先加入，黏度或含水分低的原料，如冰蛋、全脂甜炼乳、奶油、乳粉、可可粉、可可脂等依次加入，经混合后制成混合料液。

3. 杀菌

通常间歇式杀菌在杀菌缸内进行，杀菌条件为75～77℃、20～30min；连续式杀菌通常采用板式热交换器或套管式热交换器，杀菌条件为83～85℃、15s。

4. 均质

均质时要求混合料温度为60～70℃，高压段均质压力为15～17MPa，低压段压力为2～5MPa。

5. 冷却

均质后的混合料需要将其用换热器迅速冷却至4～6℃后输入到冷却缸中。一般冷却温度越低，雪糕的冻结时间就越短，这对提高雪糕的冻结率有利。但冷却温度不能低于－1℃或低至使混合料有结冰现象出现，这将影响雪糕的质量。

冷却缸的刷洗与消毒很重要，在进行混合料前，必须彻底将冷却缸刷洗干净，然后消毒，以确保料液不被细菌污染。缸的刷洗与消毒工作分两个步骤进行，否则难以达到清洗与消毒的目的。实践证明，清洗比消毒还要重要，若冷却缸用后不彻底清洗，其积存的油腻物质与污垢就不能被洗掉，也就无法保证产品的卫生质量。

6. 凝冻

膨化雪糕要进行轻度凝冻后再进行冻结，使料液体积膨胀，制成的产品口感松软。凝冻操作生产时，凝冻机的清洗、消毒及凝冻操作与冰淇淋大致相同。膨胀率要求为30%～50%，因而要控制好凝冻时间以调节凝冻程度，料液不能过于浓厚，否则会影响浇模质量。出料温度控制在－3℃左右。

7. 浇模

浇模之前必须对模盘、模盖和用于包装的扦子进行彻底清洗消毒，可以用沸水煮沸或用蒸汽喷射消毒10～15min，以确保卫生。浇模时应将模盘前后左右晃动，使模型内混合料分布均匀后，盖上带有扦子的模盖，将模盘轻轻放入冻结缸（槽）内进行冻结。

8. 插扦

要求插扦整齐端正，不得有歪斜、漏插及未插牢现象。现多采用机械插扦。

9. 冻结

雪糕的冻结有直接冻结法和间接冻结法。直接冻结法即直接将模盘浸入低温盐水槽内进行冻结，间接冻结法为速冻库与隧道式（强冷风冻结装置）速冻。

凡食品的中心温度从－1℃降低到－5℃所需的时间在30min内称为快速冷冻。目前雪糕的冻结指的是将5℃的雪糕料液经凝冻降温到－6℃，再于24～30°Bé、－30～－24℃的盐水中进行完全冻结，冻结时间只需10～12min，故可归入快速冻结。冻结速度越快，产生的冰结晶就愈小，质地愈细；相反则产生的冰结晶大，质地粗。食品的冻结速度与食品的热导率成正比，料液的含水量大、脂肪含量低，则热导率大，故冰淇淋的冻结速度低于雪糕，而雪糕的冻结速度又低于冰棒。

盐水的浓度与温度是雪糕生产的重要条件之一（其次是料液的温度），所以冻结缸内的盐水的管理必须有专人负责。每天应测4次盐水浓度与温度，在生产前0.5h测一次，生产后每2h测一次，并做好原始记录以备检查。测量时若发现盐水的浓度符合要求，温度却达不到要求时，应检查原因。在雪糕的冻结过程中，如果发现氨蒸发器的管道上有结冰或结霜现象时，要设法将冰或霜清除，否则也会影响盐水的温度；将装好料液的模盘放入冻结缸中时不能溅入盐水，否则要将料液倒掉，模盘经刷洗、消毒后才能再用，否则会影响产品质量。

10. 脱模

要使冻结硬化的雪糕由模盘内脱下，最好的方法是将模盘进行瞬时间的加热，使紧贴模盘的物料融化而使雪糕易从模具中脱出。加热模盘的设备可用汤盘槽，是由内通蒸汽的蛇形管加热的。

脱模时，在汤盘槽内注入加热用的盐水至规定高度后，开启蒸汽阀将蒸汽通入蛇形管，控制汤盘槽温度在50～60℃；将模盘放置于汤盘槽中，轻轻晃动使其受热均匀，浸数秒钟后（以雪糕表面稍融为度），随即脱模；产品脱离模盘后，放置于传送带上，脱模即完成。

11. 包装

包装时应先观察雪糕的质量，如有歪扦、断扦及沾污上盐水的雪糕（沾污上盐水的雪糕表面有亮晶晶的光泽），不得包装，需另行处理。取雪糕时只准手拿木扦而不能接触雪糕体，包装要求紧密、整齐，不得有破裂现象。包好后的雪糕送至传送带上由装箱工人装箱。装箱时如果发现有包装破碎、松散者，应将其剔除重新包装。装好后的箱面应印上生产品名、日期、批号等。

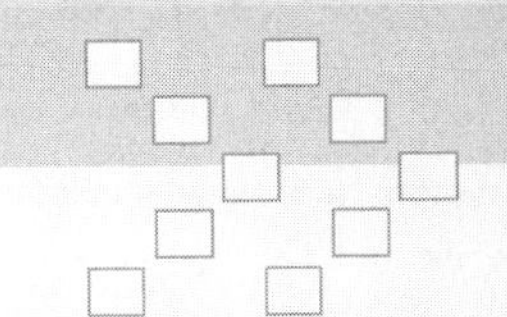

第九章

奶油加工技术

第一节 概 述

乳经离心分离后得到稀奶油，将稀奶油经成熟、搅拌、压炼而制成的乳制品称为奶油。奶油的主要成分是乳脂肪，可供直接食用或作为其他食品加工的原料。

一、奶油组成及分类

（一）奶油组成

奶油的主要成分为脂肪、水分、蛋白质、食盐（加盐奶油）。此外，还含有微量的成分如乳糖、酸、磷脂、气体、微生物、酶、维生素等。一般的成分如表 9-1 所示。

表 9-1 奶油的组成

成分	无盐奶油	加盐奶油	重制奶油
水分/%(≤)	16	16	1
脂肪/%(≥)	82.0	80	98
盐含量/%(≤)	—	2.0	—
酸度/°T(≤)	20	20	—

注：酸性奶油的酸度不做规定。

（二）奶油分类

1. 根据其制造方法不同分类

(1) 甜性奶油　以鲜稀奶油制成，有加盐和不加盐的两种，具有明显的乳香味，含乳脂肪80%～85%。

（2）酸性奶油　已杀菌的稀奶油用纯乳酸菌发酵剂发酵后加工制成，有加盐和不加盐的两种，具有微酸和较浓的乳香味，含乳脂肪80%～85%。

（3）重制奶油　用稀奶油和甜性、酸性奶油经过熔融除去蛋白质和水分而制成。具有特有的脂香味，含脂肪98%以上。

（4）脱水奶油　杀菌的稀奶油制成奶油粒后经熔化，用分离机脱水和脱除蛋白质，再真空浓缩而制成，含乳脂肪高达99.9%。

（5）连续式机制奶油　用杀菌的甜性或酸性稀奶油，在连续式操作制造机内加工制成，其水分及蛋白质含量有的比甜性奶油高，乳香味高。

2. 根据加盐与否分类

根据是否加盐奶油可分为无盐、加盐和特殊加盐的奶油。

3. 根据脂肪含量分类

根据脂肪的含量，奶油可分为一般奶油和无水奶油（即黄油）以及用植物油替代乳脂肪的人造奶油。

奶油除以上主要种类外还有各种花色奶油，如巧克力奶油、含糖奶油、含蜜奶油、果汁奶油等，及含乳脂肪30%～50%的发泡奶油、掼打奶油、加糖和加色的各种稠液状稀奶油。还有我国少数民族地区特制的“奶皮子”“乳扇”等独特品种。

二、奶油的性质

奶油中主要是脂肪，脂肪的性质影响奶油的性状。但乳脂肪的性质又依脂肪酸种类和含量而定。此外，乳脂肪脂肪酸的组成又因乳牛的品种、泌乳期、季节及饲料等而有差异。

（一）脂肪性质

荷兰牛、爱尔夏牛的乳脂肪中，由于油酸含量高，因此制成的奶油比较软；娟姗牛的乳脂肪由于油酸含量比较低，而熔点高的脂肪酸含量高，因此制成的奶油比较硬。泌乳初期挥发性脂肪酸多，而油酸比较少，随着泌乳时间的延长，这种性质变得相反。春、夏季由于青饲料多，因此油酸的含量高，奶油也比较软，熔点也比较低。由于这种关系，夏季的奶油很容易变软。为了要得到较硬的奶油，在稀奶油成熟、搅拌、水洗及压炼过程中，应尽可能降低温度。

（二）奶油的色泽

奶油的颜色从白色到淡黄色，深浅各有不同。这种颜色主要与其中含有胡萝卜素有关系。通常冬季的奶油为淡黄色或白色。为了使奶油的颜色全年一致，秋冬之间往往加入色素以增加其颜色。奶油长期曝晒于日光下时，则自行褪色。

（三）奶油的芳香味

奶油有一种特殊的芳香味，这种芳香味主要由丁二酮、甘油及游离脂肪酸等综合而成。其中丁二酮主要来自发酵时细菌的作用。因此，酸性奶油比新鲜奶油芳香味更浓。

（四）奶油的物理结构

奶油的物理结构为水在油中的分散系（固体系）。即在游离脂肪中分散有脂肪球与细微水滴，此外还含有气泡。水滴中溶有乳中除脂肪以外的其他物质及食盐，因此也称为乳浆小滴。

第二节　稀奶油加工

稀奶油是以鲜乳为原料，以静置或离心的方式分离出含脂率高的部分，添加或不添加其他原料、食品添加剂和营养强化剂，经加工制成的脂肪含量10.0%～80.0%的产品。

一、工艺流程

稀奶油加工工艺流程如图 9-1 所示。

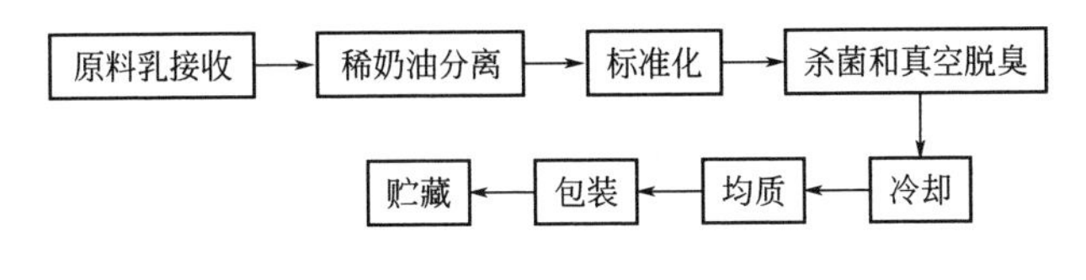

图 9-1　稀奶油加工工艺流程

二、工艺要点

（一）原料乳验收

生产稀奶油用的原料乳虽然没有像炼乳、乳粉那样要求严格，但必须是符合要求的正常乳。当乳质稍差不适于加工乳粉、炼乳等产品时，可用作加工奶油的原料乳。供奶油生产的牛乳，其酸度应低于22°T，不得含有抗生素。初乳由于乳清蛋白较多，末乳由于脂肪球过小都不宜采用。

（二）稀奶油的分离

1. 分离方法

稀奶油分离的方法一般有“重力法”和“离心法”两种。“重力法”又称“静置法”，分离所需的时间长，且乳脂肪分离不彻底，所以不能用于工业化生产；“离心法”是采用牛乳分离机（见图9-2）将稀奶油与脱脂乳迅速而较彻底地分开，因此它是现代化生产普遍采用的方法。

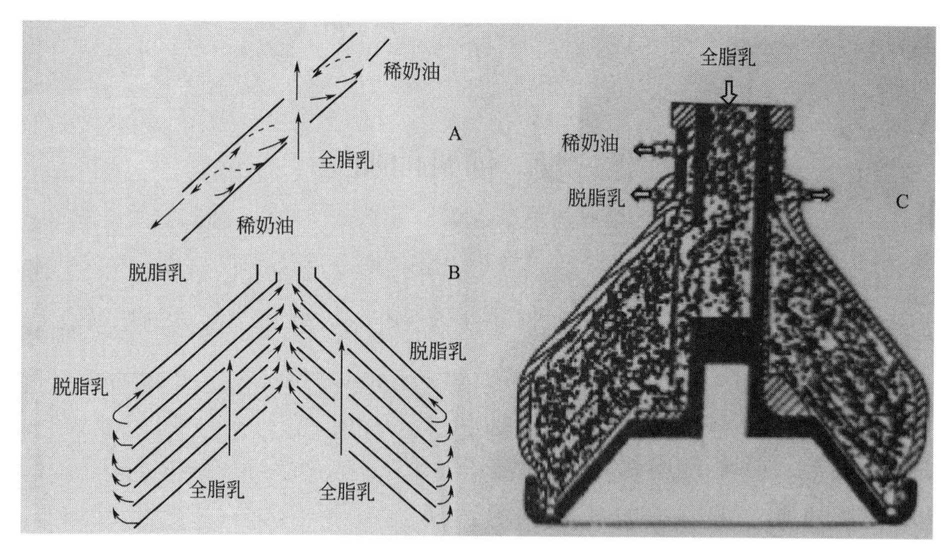

图9-2 碟片式分离机的工作原理

A—分离钵的碟片间稀奶油和脱脂乳的流向；B—分离钵中稀奶油和脱脂乳的流向；C—分离钵的结构和工作原理

2. 影响分离效率的因素

（1）分离机的转速 分离机的转速随各种分离机的机械构造而异。通常手摇分离机的摇柄转速为45～70r/min，分离钵转速则在4000～6000r/min。一般说，转速越快分离效果越完善。正常的工作应当保持在规定转速以上，但最大不能超过其规定转速的10%～20%，过多地超过负荷，会使机器的寿命大大缩短，甚至损坏。

（2）乳的温度　温度低时，乳的密度较大，使脂肪的上浮受到一定阻力，分离不完全，故乳在分离前必须加热。加热后的乳密度大大降低，同时由于脂肪球和脱脂乳在加热时膨胀系数不同，脂肪的密度较脱脂乳减低得更多，促进了乳更加容易分离。如乳温过高，会产生大量泡沫不易消除，故分离的最适温度应控制在32～35℃。

（3）乳中的杂质含量　分离机的能力与分离钵的半径成正比，如乳中杂质度高时，分离钵的内壁很容易被污物堵塞，其作用半径就渐渐缩小，分离能力也随之降低，故分离机每使用一定时间即需清洗一次。同时在分离以前必须把原料乳进行严格的过滤，以减少乳中的杂质。此外，当乳的酸度过高而产生凝块时，凝块容易粘在分离钵的四壁，也与杂质一样会影响分离效果。

（4）乳的流量　单位时间内乳流入分离机内的数量越少，乳在分离机内停留的时间就越长；分离杯盘间乳层越薄，分离越完全，但分离机的生产能力也随之降低，故对每一台分离机的实际能力都应加以测定，对未加测定的分离机，应按其最大生产能力（标明能力）减低10%～15%来控制进乳量。

（5）乳的含脂率和脂肪球的大小　乳含脂率高，分离后的稀奶油含脂率也高，流失于脱脂乳中的脂肪也相对增加，乳的含脂率与稀奶油的浓度及存留于脱脂乳中的脂肪均呈正比。所以适当减少进入分离机中的乳量，以延长分离时间，使分离趋于完善。乳中的脂肪球越大，在分离时越容易被分离出来，反之则不容易被分离。当脂肪球的直径＜0.2μm时，则不能被分离出来。

（三）稀奶油的标准化

稀奶油的含脂率直接影响奶油的质量及产量。例如，含脂率低时，可以获得香气较浓的奶油，因为这种奶油较适宜于乳酸菌的发育；当含脂率高时，则容易堵塞分离机，乳脂的损失较多。为减少分离中脂肪的损失和保证产品质量，在奶油加工前必须将稀奶油进行标准化。稀奶油的标准化与液态乳加工中原料乳标准化相同，例如，用间歇法生产新鲜奶油及酸性奶油时，稀奶油的含脂率以30%～35%为宜；以连续法生产时，规定稀奶油的含脂率为40%～

45%。夏季由于容易酸败，应使用比较浓的稀奶油进行加工。

（四）稀奶油的杀菌和真空脱臭

杀菌方法与消毒牛乳的方法基本相同。稀奶油的杀菌使用间歇式杀菌法（即保持式杀菌法）时，应注意升温速度即保持 2.5～3℃/min 的幅度并定期检查杀菌效果。稀奶油的杀菌温度与时间有以下几种方法：72℃、15min，77℃、5min，82～85℃、30s，116℃、3～5s。

若生产稀奶油的原料乳来源于牧场，则稀奶油中混有来源于牧草的异味。一般用专用的真空杀菌脱臭机来处理，在真空脱臭机中，稀奶油被喷成雾状，与蒸汽完全混合加热，在真空状态下将冷凝汽及挥发性物质排除。

（五）稀奶油的冷却、均质、包装

1. 均质

均质的目的在于保持良好口感的前提下提高黏度，以改善稀奶油的热稳定性，避免稀奶油倒入热咖啡中时出现絮状沉淀。均质的温度和压力，必须根据稀奶油质量进行仔细的试验和选择。均质压力范围一般为 8～18MPa，均质温度在 45～60℃。

2. 物理成熟

杀菌、均质后稀奶油应迅速冷却到 2～5℃，然后在此温度下保持 12～24h 进行物理成熟，使脂肪由液态转变为固态（即脂肪结晶）。同时，蛋白质进行充分的水合作用，黏度提高。

3. 包装

完成物理成熟后进行装瓶，或在冷却至 2.5℃后立即将稀奶油进行包装，然后在 5℃以下冷库（0℃以上）中保持 24h 以后再出厂。稀奶油的包装有 15mL、50mL、125mL、250mL、0.5L、1L 等规格。

第三节 甜性和酸性奶油加工

一、工艺流程

甜性和酸性奶油的加工工艺流程如图 9-3 所示。

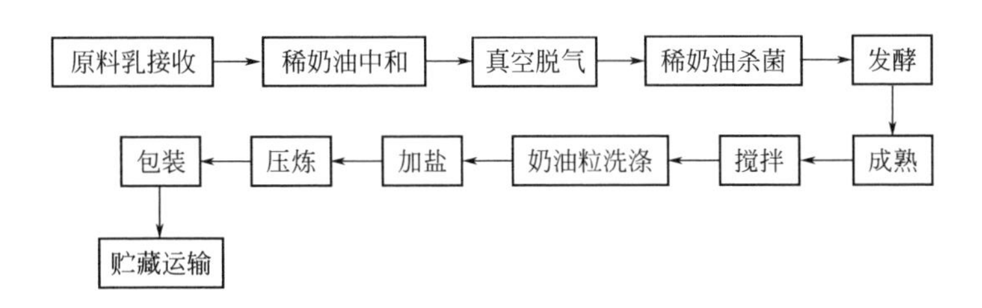

图 9-3 甜性和酸性奶油的加工工艺流程

图 9-4 为间歇式和连续式生产发酵奶油的生产线示意图。

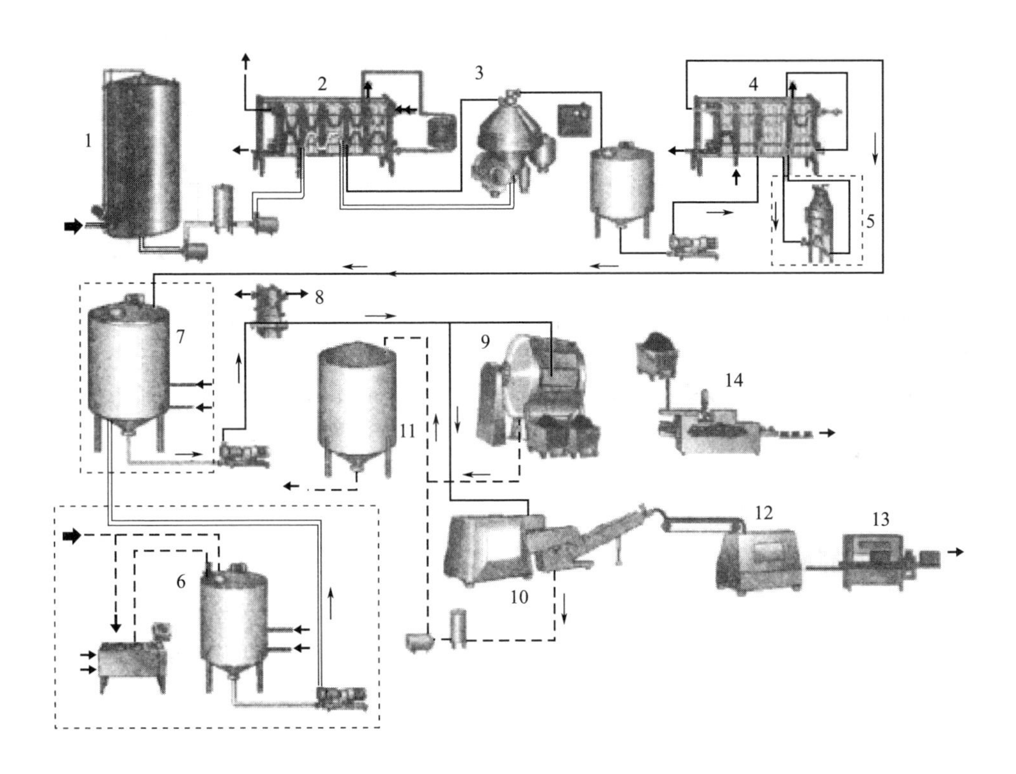

图 9-4 间歇式和连续式生产发酵奶油的生产线示意图

1—贮乳罐；2—板式热交换器；3—奶油分离机；4—巴氏杀菌机；5—真空脱气机；6—发酵剂制备系统；7—稀奶油的成熟和发酵；8—板式热交换器；9—间歇式奶油制造机；10—连续式奶油制造机；11—酪乳回收罐；12—带有螺杆输送器的奶油仓；13，14—包装机

二、工艺要点

（一）原料乳及稀奶油的验收及质量要求

1. 原料乳质量要求及初步处理

凡是要生产优质的产品必须要有优质原料，这是乳品加工的基本要求，即从健康牛挤下来的，而且在色、香、味、组织状态、脂肪含量及密度等方面都是正常的乳。用于生产奶油的原料乳首先要经过过滤、净乳和分离，其过程同前所述。

2. 稀奶油的分级

稀奶油在加工前必须进行检查，以决定其质量，并根据质量划分等级，以便按照等级生产出不同的奶油。根据感官鉴定和分析结果，可进行分级。表9-2为原料稀奶油的等级划分。

表 9-2 原料稀奶油的等级划分

等级	滋味气味	组织状态	在不同含脂率时的酸度/°T				乳浆的最高酸度/°T
			25%	30%	35%	40%	
Ⅰ	具有纯正、新鲜、稍甜的滋味	均匀一致，不出现奶油团，无混杂物，不冻结	16	15	14	13	23
Ⅱ	略带饲料味和外来的气体	均匀一致，奶油团不多，无混杂物，有冻结痕迹	22	21	19	18	30
Ⅲ	带浓厚的饲料味、金属味，甚至略有苦味	有奶油团，不均匀一致	30	28	26	24	40
不合格	有异常滋味、气味，有化学药品及石油产品的气味	有其他混杂物及夹杂物	—	—	—	—	—

3. 乳脂率要求及标准化

稀奶油的含脂率直接影响奶油的质量及产量。为了在加工时减少乳脂肪的损失和保证产品的质量，在加工前必须将稀奶油进行标准化。用间歇方法生产新鲜奶油及酸性奶油时，稀奶油的含脂率以30%～35%为宜；连续法生产时，规定稀奶油的含脂率为40%～45%。夏季由于容易酸败，所以用比较浓的稀奶油进行加工。

（二）稀奶油的中和

稀奶油的酸度直接影响奶油的保藏性和质量。生产甜性奶油时，稀奶油水分中的pH应保持在近中性，以pH为6.4～6.8或稀奶油的酸度以16°T左右为宜；生产酸性奶油时pH可略高，稀奶油酸度20～22°T。如果稀奶油酸度过高，杀菌时会导致稀奶油中酪蛋白凝固，部分脂肪被包围在凝块中，搅拌时则流失在酪乳中而影响奶油产量。同时，若甜性奶油酸度过高，贮藏中易引起水解，促进氧化，影响质量，加盐奶油尤其如此。因此，在杀菌前必须对酸度过高的稀奶油进行中和，一般使用的中和剂为石灰和碳酸钠。

（三）真空脱气

真空脱气可将具有挥发性异常风味物质除掉，首先将稀奶油加热到78℃，然后输送至真空机，其真空室的真空度可以使稀奶油在62℃时沸腾。这一过程也会使挥发性成分和芳香物质逸出。真空处理后，回到热交换器进行巴氏杀菌。

（四）稀奶油的杀菌

杀灭病原菌和腐败菌以及其他杂菌和酵母等，即消灭能使奶油变质及危害人体健康的微生物。破坏各种酶，提高奶油保存性并增加风味。稀奶油中存在各种挥发性物质，使奶油产生特殊气味，加热杀菌可以除去那些特异的挥发性物质，故杀菌可以改善奶油的香味。

杀菌温度直接影响奶油的风味。脂肪的导热性很低，能阻碍温度对微生物的作用；同时为了使酶完全破坏，有必要进行高温巴氏杀菌。一般可采用85～90℃的巴氏杀菌，杀菌时还应注意稀奶油的质量。

（五）稀奶油的发酵

生产甜性奶油时，不经过发酵过程，在稀奶油杀菌后立即进行冷却和物理成熟；生产酸性奶油时，须经发酵过程。有些企业先进行物理成熟，然后进行发酵，但是一般都是先进行发酵，然后才进行物理成熟。

经过杀菌、冷却的稀奶油打到发酵成熟槽内，温度调到18～20℃后添加相当于稀奶油量5%的工作发酵剂，徐徐添加并进行搅拌，使其均匀混合。发酵温度保持在18～20℃，每隔1h搅拌5min。控制稀奶油酸度最后达到表9-3

中规定程度时，则停止发酵，转入物理成熟。

表 9-3 稀奶油发酵的最终酸度

稀奶油中脂肪含量/%	最终酸度/°T	
	加盐奶油	不加盐奶油
24	30.0	38.0
26	29.0	37.0
28	28.0	36.0
30	28.0	35.0
32	27.0	34.0
34	26.0	33.0
36	25.0	32.0
38	25.5	31.0
40	24.0	30.1

（六）稀奶油的物理成熟

稀奶油冷却至脂肪的凝固点，使部分脂肪变为固体结晶状态，这一过程称为稀奶油的物理成熟。稀奶油中的脂肪经加热杀菌熔化后，为了使后续搅拌能顺利进行，保证乳质量以及防止乳脂肪损失，需要冷却至奶油脂肪的凝固点，以使部分脂肪变为固体结晶状态，结晶成固体相越多，在搅拌和压炼过程中乳脂肪损失就越少。成熟时间与冷却温度的关系见表 9-4。

表 9-4 稀奶油成熟时间与冷却温度的关系

温度/℃	物理成熟应保持的时间/h	温度/℃	物理成熟应保持的时间/h
2	2～4	6	6～8
4	4～6	8	8～12

1. 成熟度

脂肪变硬的程度取决于物理成熟的温度和时间，随着成熟温度的降低和保持时间的延长，大量脂肪变成结晶状态（固化）。成熟温度应与脂肪的最大可能变成固体状态的程度相适应。夏季 3℃时脂肪最大可能的硬化程度为 60%～70%，而 6℃时为 45%～55%。

2. 影响成熟的因素

温度过低进行成熟会使稀奶油的搅拌时间延长，获得的奶油团粒过硬、有油污、保水性差，同时组织状态不良。稀奶油的成熟条件对以后的全部工艺过程有很大的影响，如果成熟的程度不足时，就会缩短稀奶油的搅拌时间，获得的奶油团粒松软，油脂损失于酪乳中的数量显著增加，并在奶油压炼时会给水的分散造成很大的困难。

（七）稀奶油的搅拌

1. 搅拌的目的和影响因素

搅拌的目的是使脂肪球互相聚结而形成奶油粒，同时析出酪乳。此过程要求在较短时间内奶油粒形成彻底，且酪乳中残留的脂肪越少越好。达到此目的须注意下列几个因素：

（1）稀奶油脂肪含量　稀奶油中含脂率的高低决定脂肪球间的距离，稀奶油中含脂率越高则脂肪球间距离越近，形成奶油粒也越快。一般稀奶油达到搅拌的适宜含脂率为30%～40%。

（2）物理成熟程度　成熟良好的稀奶油在搅拌时产生很多的泡沫，有利于奶油粒的形成，使流失到酪乳中的脂肪大大减少。一般脂肪率低的稀奶油泡沫厚度2～3mm，中等脂肪率的稀奶油为3～4mm，脂肪率高的稀奶油为5mm。

（3）搅拌的最适温度　稀奶油搅拌时适宜的最初温度是：夏季为8～10℃，冬季为11～14℃。温度过高或过低时，均会延长搅拌时间，且脂肪的损失增多。

（4）搅拌机中稀奶油的添加量　搅拌时，如搅拌机中装的量过多或过少，均会延长搅拌时间。一般小型手摇搅拌机要装入其体积的30%～36%的稀奶油，大型电动搅拌机装入50%为适宜。如果稀奶油装得过多，则因形成泡沫困难而延长搅拌时间，但最少不得低于20%。

（5）搅拌的转速　稀奶油在非连续操作的滚筒式搅拌机中进行搅拌时，一般采取40r/min左右的转速。转速过快或过慢，均会延长搅拌时间（连续操作的奶油制造机例外）。

（6）稀奶油的酸度　稀奶油经发酵后乳酸增多，使得起黏性作用的蛋白质的胶体性质不稳定甚至凝固，从而使稀奶油的黏度降低，脂肪球容易相互碰撞，形成奶油粒，比未经发酵的稀奶油更易搅拌。制造奶油用的稀奶油酸度以35.5°T以下，一般以30°T为最适宜。

2. 搅拌方法

先将冷却成熟好的稀奶油的温度调整到所要求的范围后装入搅拌机，开始搅拌时，搅拌机转3～5圈，停止旋转排出空气，再按规定的转速进行搅拌到奶油粒形成为止。在遵守搅拌要求的条件下，一般完成搅拌所需的时间为30～60min。

图9-5为间歇式奶油搅拌机，图9-6为连续式奶油制造机。

图9-5 间歇式奶油搅拌机

1—控制板；2—紧急停止；3—角开挡板

搅拌程度可根据以下情况判断：在窥视镜上观察，由稀奶油状变为较透明、有奶油粒生成；搅拌到终点时，搅拌机里的声音有变化；手摇搅拌机在奶油粒快出现时，可感到搅拌较费劲；停机观察时，形成的奶油粒直径以0.5～1cm为宜，搅拌终了后放出的酪乳含脂率一般为0.5%左右，如酪乳含脂率过高，则应从影响搅拌的各因素中找原因。

3. 奶油的调色

奶油的颜色在夏季放牧期呈现黄色，冬季则颜色变淡，甚至呈白色，奶油作为商品时，为了使颜色全年一致，冬季可添加色素。色素添加通常是在杀菌后搅拌前直接加到搅拌器中。

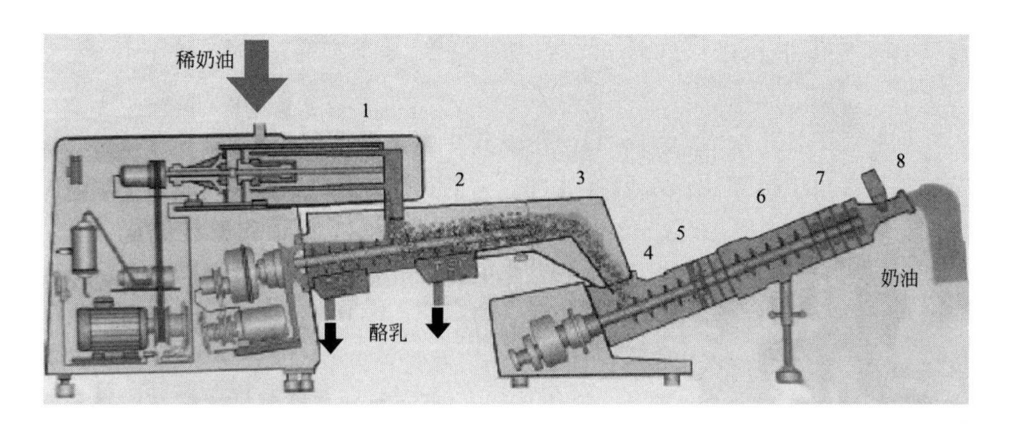

图 9-6 连续式奶油制造机

1—搅拌筒；2—压炼区；3—榨干区；4—第二压炼区；5—喷射区；
6—真空压炼区；7—最后压炼区；8—传感器

4. 奶油颗粒的形成

如前所述，成熟的稀奶油中脂肪球既含有结晶的脂肪，又含有液态的脂肪。脂肪结晶在接近脂肪球膜处形成了一层外壳。

(八) 奶油粒的洗涤

洗涤的目的是除去奶油粒表面的酪乳和调整奶油的硬度，同时如用有异常气味的稀奶油制造奶油时，能使部分气味消失，但水洗会减少奶油粒的数量。水洗用的水温在 3～10℃的范围，可按奶油粒的软硬、气候及室温等决定适当的温度。一般夏季水温宜低，冬季水温稍高，水洗次数 2～3 次。

稀奶油风味不良或发酵过度时可洗 3 次，通常 2 次即可。每次的水量以与酪乳等量为原则。奶油洗涤后，有一部分水残留在奶油中，所以洗涤水应质量良好，符合饮用水的卫生要求。含铁量高的水易促进奶油脂肪氧化，须加注意。如用活性氯处理洗涤水时，有效氯的含量≤200mg/kg。

(九) 奶油的加盐

酸性奶油一般不加盐，而甜性奶油有时加盐。加盐是为了增加风味，抑制微生物繁殖，提高奶油保藏性。但通常食盐的浓度在 10%以上，大部分的微生物就不容易繁殖。奶油中约含 16%的水分，成品奶油中含盐量以 2%

为标准，此时奶油水中含盐量12.5%。因此，加盐在一定程度上能达到防腐的目的。由于在压炼时有部分食盐流失，因此在添加时按2.5%～3%加入。

加盐时先将盐在120～130℃的干燥箱中焙烤3～5min，然后过30目筛。待奶油搅拌机中排除洗涤水后将烘烤过筛的盐均匀撒在奶油表面，静置5～10min后旋转奶油搅拌机3～5圈，再静置10～20min后则可进行压炼。加入的盐粒较大时，则在奶油中溶解不彻底，会使产品产生粗糙感。用连续式奶油制造机生产奶油时则需加盐水。盐粒的大小不宜超过50μm。盐的溶解性与温度关系不大，因此加入盐水会提高奶油的含水量。为了减少含水量，在加入盐水前要保证奶油粒的含水率为13.2%。

（十）奶油的压炼

将奶油粒压成奶油层的过程称压炼。小规模加工奶油时，可在压炼台上用手工压炼。一般工厂均在奶油制造器中进行压炼。

1. 压炼的目的

压炼的目的是使奶油粒变为组织致密的奶油层，使水滴分布均匀，使食盐全部溶解，并均匀分布于奶油中。同时调节水分含量，即在水分过多时排除多余的水分，水分不足时，加入适量的水分并使其均匀吸收。

2. 压炼程度及水分调节

新鲜奶油在洗涤后立即进行压炼，应尽可能完全地除去洗涤水，然后关上旋塞和奶油制造器的孔盖，并在慢慢旋转搅桶的同时开动压榨轧辊。

3. 压炼方法及调整水分

压炼开始时碾压5～10次，形成奶油层，并将表面水分压出。然后稍微打开旋塞和桶孔盖排气，再旋转2～3圈，随后使桶口向下排出游离水，并从奶油层的不同地方取出平均样品，以测定含水量。在这种情况下，奶油中含水量如果低于许可标准，可以按下式计算不足的水分。

$$X = m(A - B)/100$$

式中 X——不足的水量，kg；

m——理论上奶油的质量，kg；

A——奶油中容许的标准水分，%；

B——奶油中含有的水分，%。

将不足的水量加到奶油制造器内，关闭旋塞而后继续压炼，不让水流出，直到全部水分被吸收为止。压炼结束之前，再检查一次奶油水分，如果已达到标准再压榨几次，使其分散均匀。

4. 奶油质量要求

在制成的奶油中，水分应成为微细的小滴均匀分散。当用铲子挤压奶油块时，不允许有水珠从奶油块内流出。在正常压炼情况下，奶油中直径＜15μm的水滴含量要占全部水分50%，直径达1mm的水滴占30%，直径＞1mm的大水滴占5%。压炼过度会使奶油中含有大量空气，使奶油的理化性质发生变化。正确压炼的新鲜奶油、加盐奶油和无盐奶油，水分都不应＞16%。

（十一）奶油的包装

奶油一般根据其用途可分为餐桌用奶油、烹调用奶油和食品工业用奶油。餐桌用奶油是直接涂抹面包食用（亦称涂抹奶油），都要小包装。一般用硫酸纸、塑料夹层纸、铝锡纸等包装材料。也有用小型马口铁罐真空密封包装或塑料盒包装。烹调或食品加工用奶油由于用量大，所以常用大包装，一般用较大型的马口铁罐、木桶或纸箱包装。

（十二）奶油的贮藏与运输

奶油包装后须立即送入冷库内冷冻贮藏，冷冻速度越快越好。一般在－15℃以下冷冻和贮藏，如需长期保藏时须在－23℃以下。奶油出冷库后在常温下放置时间越短越好，在10℃左右放置最好不超过10天。

奶油的另一个特点是较易吸收外界气味，所以贮藏时应注意不得与有异味的物质存放在一起，以免影响奶油的质量。奶油运输时应注意保持低温，所以用冷藏汽车或冷藏火车等运输为好，如在常温运输时，成品奶油到达用货部门时的温度不得高于12℃。

第四节　无水奶油加工工艺

无水奶油又称无水乳脂，是一种几乎完全由乳脂肪构成的产品。其体积小、保质期长，是乳脂贮存和运输的极好形式。主要用于再制乳生产，也广泛应用于冰淇淋和巧克力生产中。

一、无水奶油的种类

根据 FIL-IDF，68A：1977 国际标准，无水奶油被加工成三种品质不同的类型。

（一）无水乳脂

必须含有至少 99.8%的乳脂肪，并且必须是由新鲜稀奶油或奶油制成的，不允许含有任何添加剂，例如用于中和游离脂肪酸的添加物。

（二）无水奶油脂肪

必须含有至少 99.8%的乳脂肪，但可以由不同贮期的奶油或稀奶油制成，允许用碱去中和游离脂肪酸。

（三）奶油脂肪

必须含有至少 99.3%的乳脂肪，原材料的详细要求和无水奶油脂肪相同。

二、无水奶油的特性

无水乳脂是奶油脂肪贮存和运输的极好形式，因为它比奶油需要的空间小。无水乳脂一般装在 200L 的桶中，桶内含有惰性气体氮（N_2），使之能在 4℃下贮存几个月，无水乳脂在 36℃以上时是液体，在 16～17℃以下时是固体。

无水乳脂适宜以液体形式使用，因为液态易和其他产品混合且便于计量，所以无水乳脂适用于不同乳制品的复原，同时还用于巧克力和冰淇淋制造工业。

三、工艺流程

无水奶油的生产主要有两种方法：一种是直接用稀奶油（乳）来生产无水奶油；另一种是通过奶油来生产无水奶油。其生产工艺流程见图 9-7，基本原理见图 9-8。

原材料的质量直接决定了无水奶油的质量，因此，无论选用何种加工方法，如果稀奶油和奶油质量不够好，可以通过洗涤或中和等手段提高产品质量。

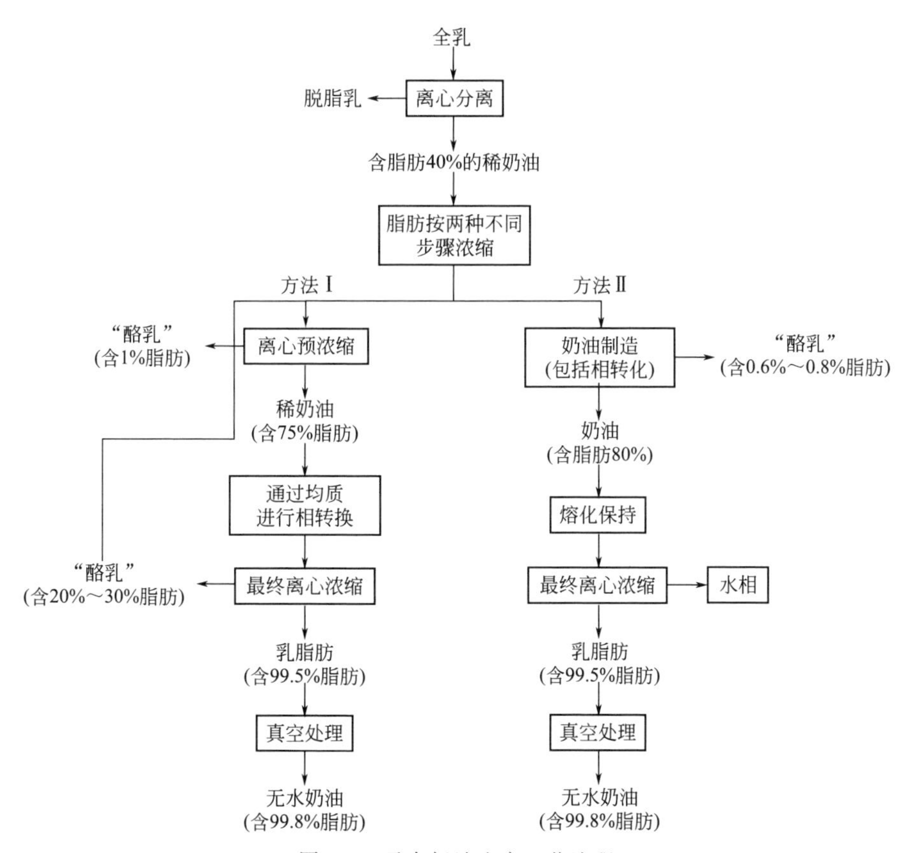

图 9-7　无水奶油生产工艺流程

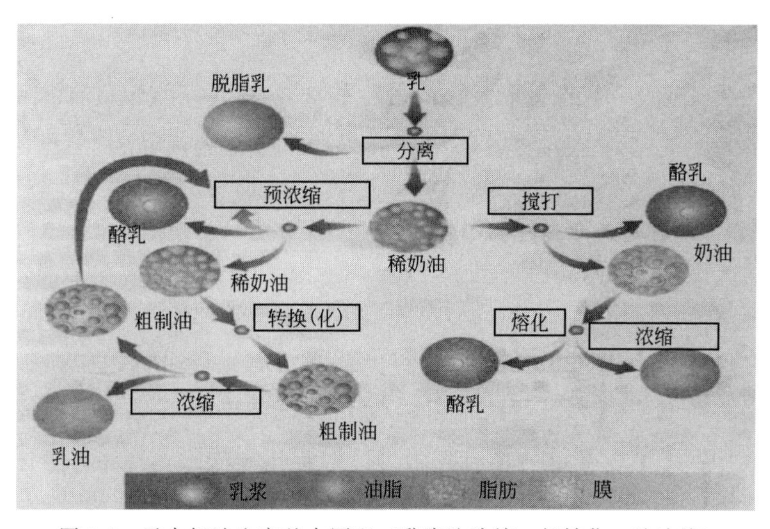

图 9-8　无水奶油生产基本原理（乳脂肪浓缩、相转化、油浓缩）

四、工艺要点

（一）用稀奶油生产无水奶油

用稀奶油生产无水奶油生产线概括如图 9-9。

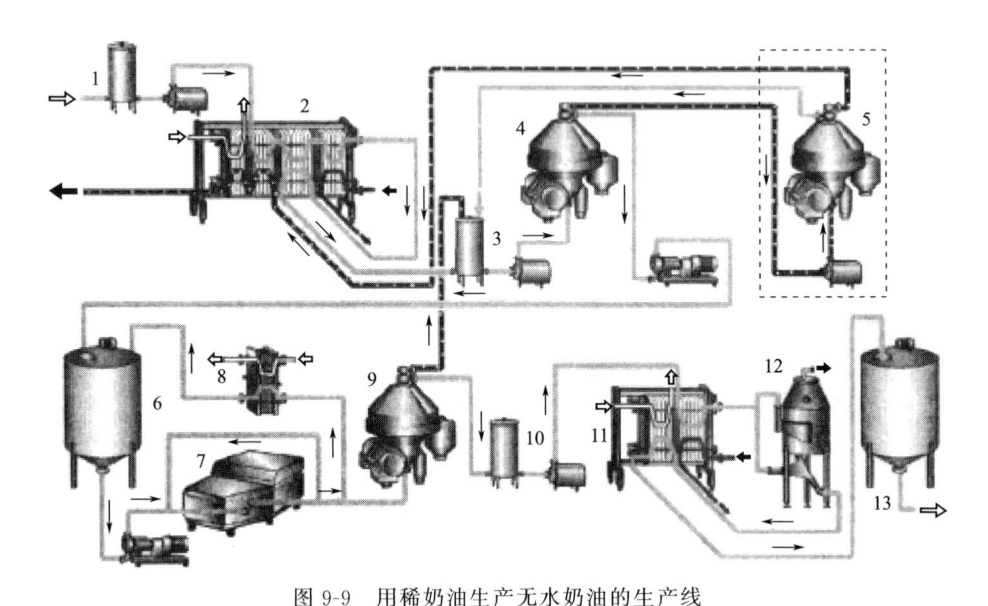

图 9-9 用稀奶油生产无水奶油的生产线

1，3，10—平衡槽；2—板式热交换器；4—离心机（预浓缩用）；5—分离机（备用）；6—缓冲罐；7—均质机；8—冷却器；9—最终浓缩器；11—加热/冷却的板式热交换器；12—真空干燥器；13—贮存罐

巴氏杀菌或没有经过巴氏杀菌的含脂肪 35%～40%的稀奶油由平衡槽进入无水奶油生产线，然后通过板式热交换器调整温度或巴氏杀菌后再被送入离心机进行预浓缩提纯，使脂肪含量达到约 75%（在预浓缩和到板式热交换器时的温度保持约 60℃），“轻相”被收集到缓冲罐，待进一步加工。同时“重相”即酪乳部分可以通过分离机重新脱脂，脱出的脂肪再与稀奶油混合，脱脂乳再回到板式热交换器进行热回收后到一个贮存罐。

经在缓冲罐中间贮存后浓缩稀奶油输送到均质机进行相转换，然后被输送到最终浓缩器。由于均质机工作能力比最终浓缩器高，所以多出来的浓缩物要回流到缓冲罐。均质过程中机械能转化成热能，为避免干扰生产线的温度平衡，这部分过剩的热要在冷却器中去除。最后，含脂肪 99.8%的乳脂肪在板式热交换器中再被加热到 95～98℃，排到真空干燥器使水分含量不超过0.1%，然后将干燥后的乳油经板式热交换器冷却到35～40℃，然后进行包装。此生产线上的关键设备是用于脂肪浓缩的分离机和用于相转换的均质机。

（二）用奶油生产无水奶油

无水奶油经常用奶油来生产，尤其是那些预计在一定时间内消化不了的奶油。试验证明，使用新生产的奶油作为原材料时，最后生产出鲜亮的奶油反而有一些困难，奶油会产生轻微浑浊现象。使用贮存2周或更长时间的奶油生产时，这种现象则不会产生。

不加盐的甜性稀奶油常用来生产无水奶油，酸性稀奶油和加盐奶油也可用作无水奶油的生产原料。图9-10是用奶油生产无水奶油的标准生产线，该生产线采用贮存过一段时间的每盒25kg的奶油，也可以采用－25℃下贮存过的冻结奶油。盒子被去掉后，奶油在设备中被加热熔化，在浓缩开始之前，熔化奶油的温度应达到60℃。

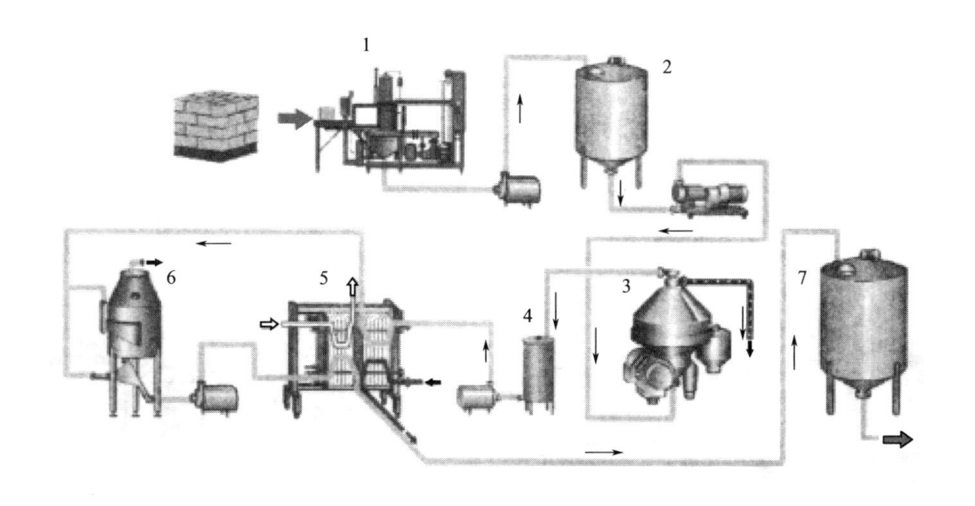

图9-10 用奶油生产无水奶油的生产线

1—奶油熔化和加热器；2，7—贮存罐；3—浓缩器；4—平衡槽；
5—加热/冷却用板式热交换器；6—真空干燥器

直接加热（蒸汽喷射）常会导致形成含有小气泡分散相的乳状液，要分离这些小气泡十分困难，在连续浓缩过程中此相会和乳油浓缩到一起而引起浑浊。熔化和加热后，热奶油被输送到贮存罐，在此可以贮存一定时间（20～

30min)，主要是确保完全熔化，也是为了使蛋白质絮凝。奶油从贮存罐被输送到最终浓缩器，浓缩后上层“轻相”含有99.5%脂肪，再转到板式热交换器，加热到90～95℃，再到真空干燥器，最后再回到板式热交换器，冷却到包装温度35～40℃。“重相”如果纯净无杂质可送至酪乳罐，如果有杂质或有中和剂污染，则被送至废物收集罐。

如果所用奶油直接来自连续的奶油生产机，也会和前面讲的用新鲜奶油的情况相同，出现云状油层上浮的可能。但如果使用密封设计的最终浓缩器（分离机），通过调整机器内的液位就可能得到体积稍微少点的含脂肪99.5%的清亮油相。同时“重相”脂肪含量高一些，大约含脂肪7%，体积略微多一点，“重相”应再分离，所得稀奶油和用于制造奶油的稀奶油原料混合，再循环输送到连续奶油生产机。

第五节　奶油加工的质量控制

一、奶油的质量标准

1. 奶油的感官指标（表9-5）

表9-5　奶油的感官指标

项目	感官要求	鉴定评分
滋味和气味	有该种奶油特有的纯香味，无异味	65
组织状态 (10～20℃)	组织均匀，稠度及展性适宜，边缘与中间一致，微有光泽，水分分布均匀，切开不发现水点，重制奶油呈粒状，熔融状态下完全透明，无任何沉淀	20
色泽	呈均匀一致的微乳黄色	5
食盐	分布均匀一致，无食盐结晶	5
成型及包装	包装紧密，切开的断面无空隙	5

2. 奶油的理化指标（表9-6）

表9-6　奶油的理化指标

成分	无盐奶油	加盐奶油	连续式机制奶油	重制奶油
水分/%(≤)	16	16	20	1
脂肪/%(≥)	82.0	80	78	98

续表

成分	无盐奶油	加盐奶油	连续式机制奶油	重制奶油
盐含量/%(≤)	—	2.0	—	—
酸度/°T(≤)	20	20	20	—

3. 奶油的卫生指标(表 9-7)

表 9-7　奶油的卫生指标

项目	特极品	一级品	二级品
杂菌数/(cfu/g)	20000	30000	50000
大肠菌数/(cfu/g)	40	90	90
致病菌	不得检出	不得检出	不得检出

二、奶油的质量缺陷及防止办法

奶油的质量除了理化指标和微生物指标必须符合国家标准规定以外，还应具备良好的风味，正常的组织状态和色泽，但往往因原料、加工和贮藏等因素造成一些缺陷。

1. 水分过多

奶油的水分过多是常见的质量缺陷之一。原因主要包括：稀奶油在物理成熟阶段冷却不足；搅拌过度；向奶油搅拌机中注入稀奶油的量过少；洗涤水温度过高；洗涤时间过长；压炼时洗涤水未放净；压炼方法不当，压炼时间过长等。

2. 奶油发黏，过于油腻

奶油发黏时会粘在器壁上，给搅拌、洗涤、压炼和包装工作带来困难。主要是由搅拌温度过高、洗涤水温度过高、压炼时温度过高、稀奶油的冷却温度处理方法不当等原因造成的。预防措施如下：

① 严格控制搅拌时的温度，冬季一般为 6～10℃，夏季 10～14℃；间歇式搅拌时要严格控制室内温度，必要时用水喷淋正在旋转的搅拌桶，以防止稀奶油的温度过高。

② 洗涤水的温度不能超过 10℃。

③ 按照稀奶油的碘值来选择适合的稀奶油的冷却温度处理方法。

④ 压炼时间不能过长，否则会出现发黏现象。

3. 奶油易碎(过硬)

奶油易碎指奶油没有很好的可塑性，不易涂抹。主要的原因是没有采用正确的稀奶油冷却处理方法或者压炼不足。预防措施如下：

① 根据稀奶油的碘值，选择合适的冷却处理方法。

② 压炼时应注意直到奶油切面没有游离水产生即可。

4. 组织状态不均匀

奶油组织状态不均匀的原因包括稀奶油发酵成熟时不稳定、加盐时不均匀、压炼方法不对、压炼不充分等。组织状态缺陷主要表现在以下方面：

① 奶油剖面上看得到水珠。原因是压炼方法不当，压炼的时间过长或过短。

② 奶油有空隙。主要原因是压炼不充分，搅拌过度，奶油粒冷却不良，或包装时奶油未压满包装容器。

③ 砂状奶油。多出现于加盐奶油中，由于盐粒粗大，未能溶解所致；有时出现粉状，并无盐粒存在，乃是中和时蛋白质凝固，混合于奶油中。

5. 奶油有异味

① 酵母味和霉味。牛乳或稀奶油中混入大量的酵母菌或霉菌，在加工过程中受酵母菌或霉菌的污染。需解决鲜乳验收与分离和加工过程中的卫生工作。

② 金属味。由于车间内的洗涤和清洁卫生不够，装牛乳或稀奶油的容器生锈或没有洗涤干净，接触的机器和工具生锈，洗涤水的金属含量过高。

③ 油脂臭味。奶油贮藏温度高、时间长、暴露在光线中等原因极易产生油脂氧化现象。此外奶油中含有的铜、铁等金属离子时，也易促使油脂的氧化。

④ 过熟味。奶油过熟味产生的原因是稀奶油杀菌温度太高或保温时间过长。

⑤ 肥皂味。稀奶油中和过度或者中和操作过快，局部皂化会引起肥皂味，生产时应控制碱的用量或改进操作。

⑥ 苦味。产生的原因是使用泌乳末期的牛乳或奶油被酵母污染。

6. 发生酸败

奶油发生酸败多由稀奶油中的酶未被充分钝化、杀菌强度不够、原料的酸度过高、洗涤次数不够和洗涤不彻底、贮藏温度过高等原因引起。

7. 微生物超标

稀奶油杀菌温度未达到要求，器具消毒、个人卫生工作没有做好导致细菌总数超标；设备、器具、管道内有奶垢，个人卫生消毒工作没做好，大肠菌群超标。

8. 色泽缺陷

① 条纹状，色泽不均匀。多出现在干法加盐的奶油中，加盐不均匀、压炼不足、加色素方法不当等，另外也可能由于搅拌时间不足和洗涤水温度过高而形成。

② 色暗而无光泽。压炼过度或稀奶油不新鲜导致。

③ 色淡。经常出现在冬季生产的奶油中，因奶油中胡萝卜素含量太少，致使奶油色淡，甚至呈白色。可通过添加胡萝卜素调整。

④ 表面褪色。奶油暴露在阳光下，发生氧化造成。

参考文献

[1] 张和平，张列兵．现代乳品工业手册（第二版）[M]．北京：中国轻工业出版社，2012.

[2] 武建新．乳品生产技术 [M]．北京：科学出版社，2010.

[3] 任国谱，肖莲荣，彭湘莲．乳制品工艺学 [M]．北京：中国农业科学技术出版社，2013.

[4] 林建和，陈张华．畜产品加工技术 [M]．成都：西南交通大学出版社，2019.

[5] 庞彩霞，姜旭德．乳品生产应用技术 [M]．北京：科学出版社，2013.

[6] 姜旭德，任丽哲．乳品工艺技术 [M]．北京：中国轻工业出版社，2013.

[7] 杨贞耐．乳品生产新技术 [M]．北京：科学出版社，2015.

[8] 申晓琳，王恺．乳品加工技术 [M]．北京：中国轻工业出版社，2015.

[9] 刘秀玲，王中华．畜产品加工技术 [M]．北京：中国轻工业出版社，2015.

[10] 蔡健，常锋．乳品加工技术 [M]．北京：化学工业出版社，2008.

[11] 侯建平，武建新，雒亚洲．乳品机械与设备 [M]．北京：科学出版社，2010.

[12] 陈志．乳品加工技术 [M]．北京：化学工业出版社，2010.

[13] 谷明．乳与乳制品加工技术 [M]．北京：中国轻工业出版社，2010.

[14] 李凤林，兰文峰．乳与乳制品加工技术 [M]．北京：中国轻工业出版社，2010.

[15] 李凤林，崔福顺．乳及发酵乳制品工艺学 [M]．北京：中国轻工业出版社，2008.

[16] 马兆瑞，秦立虎．现代乳制品加工技术 [M]．北京：中国轻工业出版社，2010.

[17] 张和平，张佳程．乳品工艺学 [M]．北京：中国轻工业出版社，2007.

[18] 陈历俊．乳品科学与技术 [M]．北京：中国轻工业出版社，2007.

[19] 李晓东．乳品工艺学 [M]．北京：科学出版社，2011.

[20] 侯俊才．优质原料奶生产技术 [M]．北京：化学工业出版社，2010.